AF469465

MISSION SCIENTIFIQUE
AU MEXIQUE
ET DANS L'AMÉRIQUE CENTRALE,

OUVRAGE

PUBLIÉ PAR ORDRE DU MINISTRE DE L'INSTRUCTION PUBLIQUE.

RECHERCHES ZOOLOGIQUES

PUBLIÉES

SOUS LA DIRECTION DE M. H. MILNE EDWARDS.

MEMBRE DE L'INSTITUT.

QUATRIÈME PARTIE.

ÉTUDES SUR LES POISSONS,

PAR

MM. LÉON VAILLANT ET BOCOURT.

PARIS.

IMPRIMERIE NATIONALE.

M DCCCC XV.

BIBLIOTHÈQUE NATIONALE — IMPRIMÉS

MISSION SCIENTIFIQUE

AU MEXIQUE

ET DANS L'AMÉRIQUE CENTRALE,

OUVRAGE

PUBLIÉ PAR ORDRE DU MINISTRE DE L'INSTRUCTION PUBLIQUE.

RECHERCHES ZOOLOGIQUES.

QUATRIÈME PARTIE.

RECHERCHES ZOOLOGIQUES

POUR SERVIR

À L'HISTOIRE DE LA FAUNE

DE L'AMÉRIQUE CENTRALE

ET DU MEXIQUE,

PUBLIÉES

SOUS LA DIRECTION DE M. H. MILNE EDWARDS,

MEMBRE DE L'INSTITUT.

QUATRIÈME PARTIE.

PARIS.

IMPRIMERIE NATIONALE.

M DCCCC XV.

ÉTUDES SUR LES POISSONS,

PAR

M. LÉON VAILLANT,

PROFESSEUR AU MUSÉUM.

ET

M. BOCOURT,

NATURALISTE VOYAGEUR.

AVIS.

Après la mort de M. le Professeur Léon VAILLANT, il a été impossible de retrouver la fin de son manuscrit sur *Les Poissons du Mexique*. En conséquence cette livraison sera la dernière et clôturera le volume.

Les collections de la Commission scientifique du Mexique ne renferment qu'une espèce, le *Sargus unimaculatus*, Bl.

SARGUS UNIMACULATUS.

Perca unimaculata, Bloch, 1797, *Ichthyol.*, IXe part., p. 64; pl. CCCVIII, fig. 1 [1].
Sargus unimaculatus, Cuvier et Valenciennes, 1830, *Hist. nat. des Poiss.*. t. VI, p. 62.

D. XIII, 10; A. III, 10.
Écailles : 8/41/17.

Ce Sargue, remarquable par ses incisives échancrées, caractère qu'on n'a reconnu jusqu'ici, dans ce genre, que sur lui et sur le *Sargus rhomboides*, Linné, se distingue surtout de ce dernier par une épine de plus à la dorsale et l'absence de ce premier interneural pugionifère signalé par M. Günther, d'après les auteurs, pour cette même nageoire. Quant à la coloration, si l'on s'en remet à l'individu rapporté par M. Bocourt, elle paraîtrait ne pas être conforme à celle des types décrits, car on trouve bien la tache noire caractéristique au-dessous de la ligne latérale, mais les bandes longitudinales sont peu visibles; par contre, on distingue cinq ou six bandes verticales sombres.

Une écaille du corps est légèrement ovalaire, longue de 4 millim. 2, haute de 5 millimètres à foyer reculé; les lobes marginaux, au nombre de 15, occupent non seulement le bord antérieur, mais près de la moitié des bords latéraux; les sillons centrifuges, sauf les plus extérieurs au nombre de 2 ou 3 de chaque côté, s'étendent jusqu'à la région focale: aire spinigère, au moins la portion armée, formant une sorte de bande; on compte une cinquantaine de spinules au bord libre, sur trois ou quatre rangs de profondeur. L'écaille de la ligne latérale, de même forme mais plus petite, offre un canal bifurqué au niveau de la perforation interne; les deux branches, courbées en portion de cercle, se prolongent sur les bords de l'aire spinigère, tout en occupant à peine moitié de sa longueur; elles se terminent par des orifices libres; la disposition des lobes marginaux est la même que pour les écailles des flancs, seulement ils manquent ou sont peu marqués à la région médiane du bord antérieur; le bord postérieur est à peine échancré au centre, les spinules, peu nombreuses et faibles, font que l'écaille pourrait presque être considérée comme inerme.

Longueur totale	156^{mm}
Hauteur	62
Épaisseur	17
Longueur de la tête	36

[1] Cette figure, la seule que nous possédions cependant avec celle de Marcgraff, présente, comme Cuvier et Valenciennes l'ont fait remarquer, plusieurs inexactitudes, telles que la position plus reculée de la tache noire, une épine de moins à la dorsale, etc.

Longueur de la nageoire caudale............................... 3_2^{mm}
Longueur du museau... 13
Diamètre de l'œil.. 10
Espace interorbitaire.. 11

N° A. 6704 du Catalogue de la collection du Muséum.

Cet individu a été pris à la Jamaïque.

Famille des GERRIDÆ.

Poissons Perciformes à corps élevé, comprimé, couvert d'écailles grandes, acténoïdes. Bouche plutôt petite, remarquablement protractile en se courbant vers le bas. Mâchoires à dents très faibles, villiformes; palais inerme. Une seule dorsale parfois échancrée, avec une gaine écailleuse où elle peut se rabattre. Pharyngiens inférieurs parfois soudés.

La morphologie des GERRIDÆ a été étudiée avec trop de soin, en particulier dans l'*Histoire des Poissons* par Cuvier et Valenciennes[1], pour qu'il soit utile d'y revenir ici; je me bornerai à l'étude des écailles, sur la structure desquelles les auteurs n'ont point insisté.

Le type des écailles dans ce groupe est très homogène, d'après l'étude qui a pu en être faite sur 81 préparations représentant 21 espèces des régions les plus variées. Celles figurées d'après le *Gerres Plumieri*[2] en donneront l'idée.

Elles sont de forme quadrilatère à angles arrondis assez fortement pour paraître, dans certains cas, ovalaires ou discoïdales, surtout pour les écailles de la ligne latérale; la longueur est généralement quelque peu inférieure à la largeur. Quoi-qu'elles soient du type flabelliforme, on n'y distinguerait volontiers que deux champs, l'un antérieur, l'autre postérieur, le premier occupant souvent les trois quarts de la surface; la limite de ces champs est, à un faible grossissement, assez nette pour pouvoir paraître formée par une ligne transversale réelle; mais une analyse plus exacte montre que c'est là une simple apparence; en réalité, elle résulte de la jonction des crêtes concentriques antérieures et postérieures, dont la disposition sera indiquée plus loin. Le foyer, plus ou moins distinct, est placé

[1] Cuvier et Valenciennes. 1830. *Hist. nat. des Poissons*, t. VI, p. 446. chap. xiv. — [2] Pl. VIII *bis*, fig. 2ª, 2'.

sur cette limite; des sillons centrifuges en partent, limitant les lobes marginaux peu saillants, dont le nombre pourrait s'élever jusqu'à 9, mais ils sont d'ordinaire beaucoup moins nombreux, 5 ou même 3. La disposition des crêtes concentriques est plus remarquable; elles sont fines et excessivement nombreuses, dirigées, avec une très faible convexité antérieure, presque directement d'un bord à l'autre, sans affecter cette disposition en lignes concentriques par rapport aux côtés, qu'on observe d'ordinaire et qui rend si distincts les champs latéraux[1]; la ligne concentrique la plus postérieure laisse, par suite de sa courbure, un espace entre elle et le foyer; là se voit une succession de petites crêtes transversales, très peu obliques, se dirigeant du centre à la périphérie et d'avant en arrière, qui n'atteignent pas les bords et représentent les crêtes concentriques de l'écaille, alors que son développement n'était pas aussi considérable. Le champ postérieur présente deux régions à considérer, l'une borde le champ antérieur, l'autre est centrale. La première offre la même structure que l'on vient de décrire pour le champ antérieur, c'est-à-dire qu'elle est chargée de petites crêtes, dont les plus proches de la limite sont la contre-partie de celles qui les avoisinent directement, c'est-à-dire transversales, très peu obliques du centre à la périphérie, mais dirigées en sens inverse. Il n'est pas rare de les voir s'unir à leurs homologues, donnant naissance à une série de chevrons ou d'angles très aigus à sommets tournés en dehors : c'est ce qui donne l'illusion de la ligne limitante. Des crêtes concentriques se trouvent en arrière de celles dont il vient d'être question; mais, quoique plus étendues, elles n'affectent pas d'ordinaire une disposition aussi régulière que sur le champ antérieur[2]. Au centre du champ postérieur, se voit un espace en triangle plus ou moins surbaissé, dont la base convexe forme une partie du bord libre postérieur de l'écaille; ici encore, l'aspect varie suivant qu'on emploie un grossissement faible, auquel cas on observe des lignes obliques irrégulières et que l'incidence de l'éclairage fait varier, ou un grossissement un peu plus fort : on voit alors que la surface est couverte de petits quadrilatères disposés en quinconce, formant un dallage où les rangées sont disposées oblique-

---

[1] Cf. pl. I, fig. 1′, 2′, 3′ et autres figures.

[2] Le dessinateur, trompé par des accidents dus peut-être à la dessication de l'écaille ou à un éclairage défectueux, a rendu assez inexactement cette disposition des crêtes sur la région limite des champs antérieur et postérieur.

ment par rapport à l'axe antéro-postérieur de l'écaille. Cette particularité, déjà signalée chez d'autres Poissons, a été figurée et décrite avec beaucoup de soin par Baudelot[1] pour le *Mugil capito;* il regarde cette structure pavimenteuse comme homologue de la disposition spinulaire, ce qui paraît incontestable; mais je reviendrai plus loin sur ce point à propos de la famille des MUGILIDÆ.

Les écailles de la ligne latérale, en ce qui concerne la lamelle, sont du même type que celui qui vient d'être décrit; les sillons centrifuges sont encore moins nombreux, ne paraissant pas dépasser 5, et dans certains cas sont indistincts; il est vrai qu'on observe d'ordinaire un feston médian très développé occupant la plus grande partie du bord antérieur. Région pavimenteuse postérieure centrale très réduite, parfois nulle. Le canal plutôt étroit est à deux orifices, l'antérieur externe, le postérieur interne, suivant un type bien connu; sur le frais, il doit être prolongé au travers de la région pavimenteuse jusqu'à une perforation située dans celle-ci. Cette perforation dans un grand nombre de cas est très nette, comme faite à l'emporte-pièce[2]. d'autres fois elle se rapproche du bord, qui présente alors une incisure la rejoignant et transformant la perforation en un golfe muni d'un goulet; enfin on peut ne trouver, dans certains cas, qu'une fente entamant plus ou moins loin la région pavimenteuse; mais alors n'est-ce pas un accident?

En résumé, les écailles des Gerres peuvent être considérées comme du type cténoïde, mais sans spinules réellement saillantes sur le bord (type *sparoïde,* d'après M. Günther). Un fait plus spécial serait la disposition des crêtes concentriques affectant une sorte de parallélisme relativement à une ligne transversale et non aux bords de la lamelle.

Ce groupe, considéré aujourd'hui comme famille, correspond au genre *Gerres,* créé par Cuvier, dans la seconde édition du *Règne animal* (1829, t. II, p. 188), et réuni à quelques autres genres dans un groupe des MÉNIDES. Cette manière de voir. développée par Cuvier et Valenciennes dans leur *Histoire des Poissons* (1830, t. VI, p. 446), fut jusqu'à un certain point conservée par M. Günther, dans le premier volume de son *Catalogue* (1859, t. I, p. 339), où il groupe les uns à côté des autres les quatre genres des Ménides Cuviériens, fondus dans sa famille

---

[1] Baudelot. 1873. p. 231 : pl. VI, fig. 2, 3 et 4 — [2] Pl. VIII *bis,* fig. 2.

des Pristipomatidæ. Un peu plus tard, dans ce même *Catalogue* (1862, t. IV,
p. 252), après la remarque faite par Kner de la soudure des pharyngiens inférieurs, le même auteur, élevant le groupe au rang de famille spéciale, le place à
la suite des Embiotocidæ, parmi les Pharyngognathi de J. Müller. Toutefois Kner
lui-même (1869, p. 55) insistait sur la non-généralité du fait de cette soudure,
se basant sur l'observation des espèces décrites dans le *Voyage de la « Novara »*, et
les études ultérieures de plusieurs ichtyologistes ont montré combien cette réserve
était justifiée. Aussi, dans son *Introduction à l'étude des Poissons* (1880, p. 388),
M. Günther, revenant à ses idées premières, n'admet plus que le genre *Gerres*, en
le plaçant près des *Pristipoma*, *Hæmulon*, *Diagramma* (anciens Pristipomatidæ),
dans une grande famille des Percidæ.

Les auteurs n'ont guère fait que confirmer cette opinion, en variant seulement
sur la valeur à attribuer à l'ensemble du genre.

Blecker, dans son *Atlas des Indes néerlandaises* (1876-1877, t. VIII, p. 122), parmi les groupes de sa famille des Percidæ, les distingue sous le nom de Gerriformes.

Day (1878-1888), sous le nom Gerrina, en fait, y joignant les *Datnoides*, un
groupe placé à la suite des Pristipomatina dans la famille des Percidæ.

MM. Jordan, Evermann, Meek, dans des travaux sur lesquels il sera revenu
tout à l'heure, admettent purement et simplement la famille des Gerridæ.

Enfin, dans son récent travail sur la *Classification des Téléostéens*, M. Boulenger (1904, p. 663) met la famille des Gerridæ parmi ses Acanthopterygii
Perciformes, non loin des Percidæ et des Pristipomatidæ.

Genre GERRES.

Cuvier, 1829, *Règne animal*, t. II, p. 188.

Pour les caractères de ce genre unique, voir la diagnose donnée de la famille.

Jusqu'à ces dernières années, cette famille avait toujours été regardée comme
ne comprenant que le genre unique *Gerres*, même par MM. Evermann et Meek
(1887). Une modification synonymique avait seulement été proposée par Blecker
qui, dans ses derniers travaux, y substitue le nom de *Diapterus* emprunté à Ran-
zani. MM. Jordan et Evermann, par une discussion très approfondie (1898,

p. 1373), ont montré que cette dernière dénomination était inacceptable, car elle ne se rapporte pas à une espèce nettement définie qui puisse servir de type, et ils ont remarqué, avec toute raison, que la terminaison du nom proposé par Cuvier est suffisamment distincte de celle du genre *Gerris*, donné à un Insecte Hémiptère par Fabricius.

Cependant Kner, dans le *Voyage de la « Novara »*, déjà cité, insistait sur les différences importantes que présentaient les pharyngiens inférieurs, réunis tantôt intimement par suture, tantôt par de simples ligaments, le préopercule tantôt denticulé, tantôt entier, la branchie operculaire tantôt distincte, tantôt absente, avec quelques autres caractères moins importants. Toutefois il se contenta d'en faire la remarque.

MM. Jordan et Evermann (1898, p. 1366), en étudiant spécialement la faune de l'Amérique du Nord et de l'Amérique centrale, ont proposé pour les *Gerridæ* de ces régions, quatre genres, dont le tableau synoptique suivant donnera idée :

GERRIDÆ.

Second interhæmal	énorme, en cylindre creux...........................	*Eucinostomus*, Baird et Girard.
	normal, plein et — très court, obtus.......................	*Ulæma*, Jordan et Evermann.
	long, lancéolé. — Préopercule — entier..................	*Xystæma*, Jordan et Evermann.
	denticulé................	*Gerres*, Cuvier.

Le genre *Gerres* lui-même est partagé en trois sous-genres : *Mokarra, Diapterus, Gerres*, suivant que le préorbitaire est entier ou denticulé et, dans le premier cas, suivant que la formule de l'anale est II, 9, ou III, 8.

Il me paraît inutile d'insister davantage sur ces divisions, dont la valeur, pour être convenablement appréciée, demanderait qu'elles fussent étendues à l'ensemble du groupe et non seulement à une faune spéciale; elles peuvent toutefois provisoirement être acceptées à titre de sections.

Les espèces du genre *Gerres* sont nombreuses. M. Günther en admettait 28, plus 6 imparfaitement connues (1862), et plus tard une trentaine (1880).

Pour l'Amérique de l'hémisphère boréal, MM. Jordan et Evermann en énumèrent 17, ainsi réparties dans leurs quatre groupes :

Gerres (*Eucinostomus*) *Dowi*. Gill; *G. pseudogula*, Poey; *G. harengulus*, Goode et Bean; *G. californensis*, Gill; *G. gula*, Cuvier et Valenciennes.

Gerres (Ulæma) Lefroyi, Goode.

Gerres (Xystæma) cinereus, Walbaum.

Gerres (Gerres) rhombeus, Cuvier et Valenciennes; *G. aureolus,* Jordan et Gilbert; *G. peru-
vianus,* Cuvier et Valenciennes; *G. olisthostomus,* Goode et Bean; *G. brevimanus,* Günther;
G. lineatus, Humboldt; *G. brasilianus,* Cuvier et Valenciennes; *G. embryx,* Jordan et
Starks; *G. Plumieri,* Cuvier et Valenciennes; *G. mexicanus,* Steindachner.

Sauf le *Gerres embryx,* connu par un exemplaire trouvé à Charleston, c'est-
à-dire assez au Nord, toutes ces espèces peuvent être considérées comme de
l'Amérique centrale.

Leur répartition géographique serait la suivante :

Océan Atlantique : *Gerres pseudogula, G. harengulus, G. gula, G. Lefroyi,
G. rhombeus, G. olisthostomus, G. brasilianus, G. Plumieri, G. mexicanus.*

Océan Pacifique : *Gerres Dowi, G. californiensis, G. aureolus, G. peruvianus,
G. brevimanus, G. lineatus.*

Océans Atlantique et Pacifique : *Gerres cinereus.*

La distinction des espèces est souvent difficile; elles se ressemblent beaucoup
entre elles et, par exemple, MM. Jordan et Evermann, dont l'autorité en semblable matière est certainement d'un grand poids, conviennent que pour les
Gerres pseudogula, harengulus, Dowi, californiensis, il n'est pas toujours possible
de les distinguer et qu'on arrivera peut-être à prouver que ce sont de simples
variétés d'une espèce unique.

Les collections de la Commission scientifique du Mexique et de l'Amérique centrale ne renferment que trois espèces : *Gerres cinereus,* Walbaum; *G. peruvianus,*
Cuvier et Valenciennes; *G. Plumieri,* Cuvier et Valenciennes.

1. GERRES CINEREUS, Walbaum.

Mugil cinereus, Walbaum, 1792, p. 228.

Gerres aprion, Cuvier, 1829, p. 188.

G. cinereus, Evermann et Meck, 1887, p. 263 (synonymie).

Xystæma cinereum, Jordan et Evermann, 1898, p. 1372.

D. IX, 10; A. III, 8.

Écailles : 6/46/10.

Tête entrant pour 1/3 dans la longueur du corps; la hauteur équivaut à 2/5, la largeur à 1/7, la longueur de la caudale à 2/5 de cette même dimension.

Le corps, tout en étant aplati, est, comparativement à ce qu'on remarque chez la plupart des *Gerres*, médiocrement élevé. Museau plutôt court, 3/11 de la longueur de la tête : œil très peu plus grand, égal à l'intervalle interorbitaire, c'est-à-dire environ 2/7 de cette même longueur. Sous-orbitaire antérieur et préopercule non denticulés.

Épines de la dorsale, surtout la seconde, relativement faibles; il en est de même, quoique à un moindre degré, pour l'épine homologue de l'anale.

Les deux premiers interhæmaux soudés intimement forment une pointe lancéolée simple, solide, plus longue au moins de 1/4 que l'épine qu'ils supportent.

	millim.	1/100[e]
Longueur du corps[1]	210	//[2]
Hauteur	82	39
Épaisseur	32	15
Longueur de la tête	65	31
Longueur de la nageoire caudale	82	39
Longueur du museau	18	27
Diamètre de l'œil	21	32
Espace interorbitaire	21	32

N°° 94-98 du Catalogue de la collection du Muséum.

Habitat. — Cette espèce, on l'a vu, a une répartition géographique des plus étendues, se trouvant à la fois dans les deux océans Atlantique et Pacifique, depuis la Floride et les Antilles d'une part, d'autre part du golfe de Mazatlan jusqu'à l'isthme de Panama.

La Commission scientifique a rapporté le *Gerres cinereus* des localités suivantes : Jamaïque (type d'étude), Saint-Thomas, Tanesco (Bocourt); — Vera Cruz (Dugès); — Mexique (Boucard).

2. GERRES PERUVIANUS, Cuvier et Valenciennes.

Gerres peruvianus, Cuvier et Valenciennes. 1830, t. VI, p. 467.
Gerres peruvianus, Evermann et Meek. 1887, p. 266 (synonymie).
Gerres peruvianus, Jordan et Evermann, 1898, p. 1376.

D. IX, 10; A. III, 8.

Écailles : 6/38/10.

Tête entrant pour 1/3 dans la longueur du corps; la hauteur équivaut à un peu

[1] Dans ce tableau et les suivants, la longueur du corps est prise de l'extrémité du museau au point d'origine de l'uroptère. Le mode de mensuration ancien, que j'avais cru devoir adopter précédemment (voir p. 13, note 1, 1°), est certainement moins rationnel.

[2] En ce qui concerne les rapports en 1/100e, voir. p. 19, le tableau où sont indiqués les termes de comparaison adoptés : longueur du corps pour les seconde à cinquième dimensions; longueur de la tête pour les trois dernières.

plus de 1/2, la largeur à 1/6, la longueur de la caudale à 2,5 de cette même dimension.

Par l'élévation et l'aplatissement de son corps de forme rhomboïdale, cette espèce offre l'aspect le plus ordinaire des véritables *Gerres*. La gouttière au-dessus des apophyses postérieures des intermaxillaires est développée, triangulaire, à peau toujours nue, sans écailles. Préopercule denticulé; premier sous-orbitaire à bord lisse.

Les épines, quoique robustes, ne sont ni aussi longues, ni aussi fortes que dans l'espèce suivante; la IIe de la dorsale atteint les 3/4 ou un peu plus de la longueur de la tête; la IIe de l'anale a plus de 1/2 de cette même dimension; on compte à cette dernière nageoire trois épines nettement distinctes.

Il n'y a pas de raies noires longitudinales, ni de bandes verticales sombres sur le corps. La nageoire dorsale, dans sa partie épineuse, est finement lisérée d'une teinte noirâtre à son bord libre (d'après l'individu dans l'alcool).

	millim.	1,100^e
Longueur du corps	106	//
Hauteur	55	52
Épaisseur	17	16
Longueur de la tête	34	32
Longueur de la nageoire caudale	44	41
Longueur du museau	10	29
Diamètre de l'œil	10	29
Espace interorbitaire	9	26

N° 83-786 du Catalogue de la collection du Muséum.

Habitat. — Toute la côte Ouest de l'Amérique, depuis le golfe de Mazatlan jusqu'à Payta (Pérou).

Deux exemplaires, dont le plus grand a servi de type à notre étude, ont été recueillis par Bocourt à la Union (Salvador). Le Muséum ne possédait jusqu'ici que le type rapporté par Lesson et Garnot.

3. GERRES PLUMIERI.

(Pl. VIII *bis*, fig. 2, 2ª, 2ᵇ, 2ᶜ.)

Gerres Plumieri, Cuvier et Valenciennes, 1830, t. VI. p. 452; pl. CLXVII.
Gerres Plumieri, Evermann et Meck, 1887. p. 270 (synonymie).
Gerres Plumieri, Jordan et Evermann, 1898, p. 1379.

D. IX, 10; A. III, 8.
Écailles : 6/38/11.

Tête entrant pour 1/3 dans la longueur du corps; la hauteur équivaut à 4/9, l'épaisseur à 1/7, la longueur de la caudale à 4/11 de cette même dimension.

La forme du corps est rhomboïdale, très voisine de celle indiquée pour l'espèce précédente, c'est-à-dire également typique des *Gerres*. Museau plutôt court, 3/11 de la longueur de la tête; gouttière des apophyses prémaxillaires large et non écailleuse. Diamètre de l'œil à très peu près égal à la longueur du museau, 1/4 de la longueur de la tête; espace interorbitaire, 2/7 de cette même dimension. Le préorbitaire et l'interopercule sont l'un et l'autre très distinctement et finement denticulés.

Seconde épine aussi bien à la dorsale qu'à l'anale remarquablement développée: celle-là, légèrement plus longue que l'autre, dépasse quelque peu la dimension de la tête; en revanche, l'épine de l'anale est plus forte; les deux premiers interhæmaux, de forme ordinaire, sont soudés, constituant un prolongement styliforme allongé et robuste. Les pectorales, très développées, dépassent l'orifice cloacal.

La coloration, d'après le croquis pris sur nature par Bocourt, est, à la partie supérieure et post-oculaire de la tête, d'un beau bleu d'outre-mer, cette teinte se prolongeant vers la nageoire dorsale pour se fondre en devenant jaune, puis gris verdâtre, vers la caudale; la région operculaire et la partie moyenne des flancs sont d'un blanc argenté; la teinte jaune reparaît sous l'abdomen et sous le pédoncule caudal; les parties supérieures de la tête et du dos sont plus sombres. Lèvres rougeâtres; le maxillaire, dans sa portion visible, bleuâtre. Iris brun rougeâtre à la partie supérieure, verdâtre inférieurement, avec un cercle pupillaire jaune d'or. Les nageoires impaires sont grisâtres ou verdâtres, la dorsale lisérée d'une teinte foncée; les nageoires paires, d'un jaune plus ou moins brillant. Bandes longitudinales d'un vert plus ou moins sombre; la mieux marquée suit la courbure de la ligne latérale; celles situées au-dessus lui sont parallèles, celles situées au-dessous sont directement horizontales[1].

---

[1] Il est nécessaire de prévenir que, pour faire exécuter le dessin de la planche VII *bis* (fig. 2), on s'est servi d'un exemplaire, celui pris ici pour type, péché dans le lac Isabal (versant Atlantique), tandis que le croquis colorié a été pris sur un exemplaire capturé à Tanesco (versant Pacifique). Mais ce dernier est arrivé tout à fait altéré, décomposé, et n'a pu être mis en collection.

Toutefois il n'est pas douteux que cet animal, d'après la forme et les dimensions de son second interhæmal, la disposition denticulée du bord libre préoperculaire, n'appartienne aux *Gerres* proprement dits. Son préorbitaire denticulé le fait placer dans la troisième section établie dans ce genre par MM. Jordan et Evermann; si l'on ajoute que les écailles, qu'on ne peut compter, mais qui, détachées, se trouvent en grand nombre dans le bocal, sont grandes par rapport à la taille de l'animal (on peut estimer sa longueur à 220 — 56 = 276 millimètres, en rétablissant autant que possible la tête en grande partie détruite, et une écaille des flancs mesure 8 millim. 5

de long sur 11 millimètres de haut), que les secondes épines, aussi bien à la dorsale qu'à l'anale, sont robustes et développées, il est bien possible qu'il s'agisse du *Gerres Plumieri*.

Cependant on peut objecter que cette espèce jusqu'ici n'a été trouvée que sur le versant Atlantique. Du versant Pacifique, deux *Gerres* de la quatrième section (*Gerres*, s. stric.) sont cités : *Gerres brevimanus*, Günther, et *G. lineatus*, Humboldt. Le dessin de Bocourt peut faire croire qu'il s'agit de la première espèce, car la pectorale est plutôt courte, n'atteignant pas l'anale, et la chose doit être regardée comme d'autant plus significative, qu'on voit, sur ce croquis, que le trait, d'abord plus long, a été corrigé intentionnellement.

La précision n'a d'ailleurs, dans le cas actuel, qu'une importance secondaire; en effet, la coloration pour ces diverses espèces ne paraît pas être différenteet Bocourt, au-dessous de son dessin, a écrit : «Voir l'espèce du lac Isabal.»

Les écailles ayant été étudiées, dans les généralités données plus haut, sur des pièces empruntées plus particulièrement à l'individu pris ici pour type, je renvoie à ce qui en a été dit. Comme complément, j'ajouterai qu'une écaille des flancs est longue de 11 millimètres, haute de 12 millimètres; les dimensions sont respectivement 8 millim. 5 et 3 millim. 5 pour une écaille de la ligne latérale.

Les pharyngiens inférieurs, réunis par de forts ligaments et peu mobiles, peut-être même immobiles à l'état frais, doivent être regardés comme isolés, suivant l'opinion de Kner; réunis, ils forment un triangle isocèle à base légèrement et obtusément anguleuse. A la partie inférieure, l'ensemble présente une fossette triangulaire médiane, limitée latéralement par des crêtes en parapet, constituées par le bord externe, saillant, de chaque pharyngien[1].

	millim.	1/100
Longueur du corps	230	"
Hauteur	109	47
Épaisseur	35	15
Longueur de la tête	76	33
Longueur de la nageoire caudale	83	36
Longueur du museau	21	27
Diamètre de l'œil	19	25
Espace interorbitaire	23	30

N° 83-783 du Catalogue général de la collection du Muséum.

Habitat. — Antilles et côtes orientales de l'Amérique, depuis la Floride jusqu'au Brésil; se trouve aussi dans les eaux douces et peut-être également sur la côte occidentale[2].

La Commission scientifique a rapporté le *Gerres Plumieri* des localités suivantes : Jamaïque, lac Isabal (type d'étude), Tanesco (Bocourt); — Mexique (Boucard).

Bleeker, M. Poey et différents auteurs pensent que cette espèce doit être regardée comme le type du genre. MM. Jordan et Evermann[3] font remarquer que, dans la deuxième édition du *Règne animal*, où le genre fut établi, le *Gerres Plumieri* n'est pas cité. On peut objecter que dans le *Règne animal*, daté de 1829, les espèces sont simplement

[1] Dans un travail, souvent cité sur ce sujet, de M. Sauvage (*Ass. fr. avancement des sciences*, 1876, p. 549), le *Gerres Plumieri* est donné comme ayant les pharyngiens inférieurs soudés. C'est ce que nous trouvons, en effet, sur la pièce type conservée au laboratoire, portant une étiquette de la main de ce savant ichtyologiste. L'ensemble de ces pharyngiens, unis par suture dentée, donne un triangle équilatéral à base presque rectiligne et l'espace triangulaire inférieur médian est convexe plutôt que creusé. Ces pharyngiens diffèrent donc notablement de ceux ici décrits, lesquels cependant sont conformes à ceux de plusieurs autres exemplaires, sur la détermination spécifique desquels ne peut s'élever aucun doute. Il y a eu peut-être là une transposition d'étiquette.

[2] Voir la note 1, à la page précédente.

[3] Jordan et Evermann, 1898, p. 1373, note.

mentionnées sans description aucune, et que dans le VIe volume de l'*Histoire des Poissons*, daté de 1830, où ces animaux sont traités en détail, il n'est pas douteux que ce *Gerres* ne soit proposé comme type. Les publications étant faites à si court intervalle l'une de l'autre, un auteur n'a-t-il pas le droit de préciser, comme il l'entend, ses idées sur un objet de cette nature ?

<h2 style="text-align:center">Famille des SQUAMIPENNIDÆ.</h2>

Corps comprimé, élevé; couvert d'écailles médiocrement grandes, du type radiculaire flabellé, à armature spinulaire variable, le canal de la ligne latérale à tube ordinairement simple, plus rarement bifide dans le champ postérieur. Bouche petite, peu protractile. Dents typiquement sétiformes, sur plusieurs rangs (en brosse), exceptionnellement tranchantes, unisériées. Nageoire dorsale unique (excepté : *Ephippus*), la portion dure plus longue que la portion molle, épines assez nombreuses; les rayons mous le sont encore davantage; la portion molle plus ou moins couverte d'écailles, qui souvent l'empâtent au point de rendre le compte des rayons difficile.

Cette famille, de l'aveu des ichtyologistes les plus compétents, ne peut être regardée comme ayant des limites nettes, étant donnés ses rapports intimes avec certains Scombridés, quelques Perciformes, peut-être les Plectognathes, si l'on admettait, avec MM. Jordan et Evermann, que les *Acanthurus* (*Teuthis* de ces auteurs ou plutôt de Gill) doivent y être adjoints, mais la chose à mon avis reste des plus douteuses.

L'étude des écailles faite sur une douzaine de genres, et pour quelques-uns sur un assez grand nombre d'espèces (43 *Chætodon*, 10 *Holacanthus*), tend à montrer qu'avec une unité fondamentale du type, certaines variations se présentent, qui pourront utilement servir à distinguer entre eux des genres voisins. Toujours ces écailles (il s'agit de celles du corps) ont un nombre plus ou moins grand de sillons centrifuges sur le champ antérieur, dont le bord radiculaire est festonné : type flabellé. Le champ postérieur au contraire porte souvent des séries de spinules nombreuses distinctes, c'est-à-dire est polystique (*Chætodon*, *Chelmo*, *Pomacanthus*, *Ephippus?*, *Scorpis*, *Atypus*, *Taurichthys*, *Toxotes*, *Pimelepterus*). D'autres fois, il est parcouru d'avant en arrière par des sortes de tiges, qu'on peut regarder comme résultant de la soudure des séries longitudinales de spinules du type précédent; elles adhèrent à la lamelle offrant l'aspect d'une sorte de palissade formée de pieux rapprochés, terminés postérieurement en pointe aiguë; je donne à ce type le nom de *characophore* (χάραξ, palissade); il est plus rare (*Holacanthus, Scatophagus*). Enfin le champ postérieur peut être absolument privé de spinules : type spanostique (*Heniochus, Drepane*)[1].

Les écailles de la ligne latérale sont, pour chaque espèce, du même type que celui des écailles des flancs; seulement, comme c'est l'ordinaire, le caractère flabelliforme y est moins marqué ou même disparaît; les sillons centrifuges sont moins nombreux, parfois réduits à deux limitant un feston unique très large, placé en face de l'orifice antérieur du canal; enfin ils peuvent même ne plus exister du tout. L'aire postérieure est réduite, les spinules, du type correspondant à celui des écailles des flancs, plus rares, moins marquées. Quant au canal lui-même, il est du type percoïde, avec une portion antérieure à orifice large, une partie postérieure consistant d'ordinaire en un tube étroit, simple, quelquefois double (*Holacanthus*), cette dernière disposition parfois marquée par des accidents de l'aire spinigère; perforation focale constante.

C'est à Cuvier qu'est due la création de la famille des Squamipennes dans la première édition du *Règne animal;* elle a été toujours conservée par les auteurs suivants, bien que sa compréhension, comme il a été dit plus haut, puisse être différemment interprétée.

Les Poissons de ce groupe étant exclusivement marins, dans le présent travail, où la faune des eaux douces nous intéresse davantage, il ne sera question que des quelques animaux rassemblés par la Mission, lesquels comprennent quatre espèces se rapportant à trois genres : *Chætodon, Holacanthus, Pimelepterus.*

---

[1] Je laisse de côté le genre *Zanclus*, mis par Cuvier parmi les Squamipennes, par Günther dans les Carangidæ, et que MM. Jordan et Evermann reportent dans leur sous-ordre des Squamipennes, en formant pour lui une famille particulière des Zanclidæ. Les écailles de ces Poissons, dont l'étude ne serait pas ici à sa place, montrent qu'elles s'éloignent beaucoup du type ordinaire des écailles des Acanthoptérygiens.

Genre CHÆTODON.

Chætodon, Linné (pars), 1758, *Syst. nat.*, p. 272.

Museau court. Dents sétiformes, plurisériées. Préopercule ne portant pas d'épine à son angle; membrane branchiostège soudée à l'isthme gulaire. Dorsale unique, continue, sans épine notablement allongée. Écailles du type flabellé, polystique, médiocrement nombreuses, en rangées très régulières; le nombre des séries transversales varierait de 50 à 70.

Ce genre, tel qu'il est admis aujourd'hui, ne comprend plus, naturellement, qu'une partie des espèces qu'y plaçait Linné. Cependant le nombre de celles-ci s'est considérablement accru et ne peut guère être estimé à moins de 70 ou 80, toutes des mers intertropicales.

Sur les côtes américaines, MM. Jordan et Evermann en énumèrent 9, dont 7 de l'Océan Atlantique : *Chætodon bimaculatus*, Bloch; *C. sedentarius*, Poey; *C. aya*, Jordan; *C. atœniatus*, Poey; *C. striatus*, Linné; *C. capistratus*, Linné; *C. Bricei*, Smith; et 2 des côtes Pacifiques : *Chætodon nigrirostris*, Gill; *C. humeralis*, Günther.

Deux font partie des collections rassemblées par la Mission scientifique : *Chætodon bimaculatus*, Bloch; *C. humeralis*, Günther.

1. CHÆTODON BIMACULATUS, Bloch.

(Pl. IX, fig. 1.)

Chætodon bimaculatus. Bloch, 1797, VIIe part., p. 5; pl. CCXIX, fig. 1.
Chætodon ocellatus, Jordan et Evermann, 1898, p. 1674; pl. CCXLIX, fig. 621.

D. XII, 23; A. III, 17.
Écailles : 6/38/20.

Tête entrant pour 4/11 dans la longueur du corps; la hauteur équivaut à 8/11, l'épaisseur à 1/6, la longueur de la caudale à 1/6 de cette même dimension.

Corps entièrement d'un blanc d'argent à reflets bleuâtres, avec quelques teintes rougeâtres sur le museau et les joues; toutes les nageoires, sauf les pectorales incolores, sont d'un jaune d'or: une bande noire descend de la nuque en avant de la dorsale, traverse l'œil, beaucoup plus large qu'elle, pour atteindre la fente branchiale vers l'isthme du gosier; une autre tache de même couleur, arrondie, non ocellée, se voit à la base de la dorsale molle.

	millim.	1/100ᵉˢ
Longueur du corps	118	//
Hauteur	86	73
Épaisseur	19	16
Longueur de la tête	41	35
Longueur de la nageoire caudale	20	17
Longueur du museau	16	39
Diamètre de l'œil	11	27
Espace interorbitaire	11	27

N° 9838 du Catalogue de la collection du Muséum.

Habitat. — Mer des Antilles, golfe du Mexique [1]; pouvant être entraîné plus au Nord par le Gulf Stream, d'après MM. Jordan et Evermann.

Un exemplaire, ayant ici servi de type, pêché dans la rade de Belize par Bocourt. qui a fait sur place un croquis colorié.

Cette espèce est-elle celle figurée par Bloch à la planche CCXIX de son grand ouvrage sous le nom de *Chætodon ocellatus?* MM. Jordan et Evermann l'admettent et, en conséquence, changent l'épithète scientifique. Les ichtyologistes qui, les premiers, ont nettement distingué l'espèce des Indes occidentales, Cuvier et Valenciennes, ayant choisi l'épithète de *bimaculatus*, du même auteur d'ailleurs, il me parait préférable, pour la clarté, de conserver leur manière de voir.

2. **CHÆTODON HUMERALIS,** Günther.

Chætodon humeralis, Günther, 1860, *Cat.,* t. II, p. 19.
Chætodon humeralis, Jordan et Evermann, 1898, p. 1674.

D. XIII, 18; A. III. 16.
Écailles : 7/36/17.

Tête entrant pour 3/8 dans la longueur du corps; la hauteur équivaut à 2/3, l'épais-

[1] La collection du Muséum, sous le numéro individuel 9778, possède un exemplaire vu par Guichenot et assimilé par lui au *Chætodon bimaculatus.* La détermination a été confirmée par M. Sauvage, lorsqu'il a fait le rangement de cette partie de la collection et, l'examinant moi-même, je ne vois pas comment on pourrait ne pas l'adopter. Ce Poisson est indiqué comme rapporté de la Réunion par Maillard et cité dans le travail connu de Guichenot; on ne le trouve pas mentionné aux entrées de ce donateur; il en est de même, il est vrai, pour le *Chætodon malapterus,* Guichenot, n° 1316; ils ont pu être apportés après coup. Quoi qu'il en soit. cet habitat ne peut être accepté sans expresses réserves pour le *Chætodon bimaculatus,* lequel, jusqu'ici, paraît absolument propre à la mer des Antilles.

seur à 1/6 ; la longueur de la caudale à 2/9 de cette même dimension. — Le museau est médiocrement allongé, 2/9 de la longueur de la tête ; l'œil, un peu plus grand à proportion, occupe un peu moins de 1/3, et l'intervalle orbitaire représente les 3/11 de cette même dimension.

L'animal a été décrit et figuré avec trop de soins par M. Günther, pour qu'il y ait lieu d'y revenir ici.

	millim.	1/100ᵉˢ
Longueur du corps	34	"
Hauteur	26	70
Épaisseur	6	17
Longueur de la tête	13	38
Longeur de la nageoire caudale	8	23
Longeur du museau	3	23
Diamètre de l'œil	4	31
Espace interorbitaire	3,5	27

N° A. 9634 du Catalogue de la collection du Muséum.

Habitat. — Côte Pacifique de l'Amérique. du golfe de Californie à Panama.

Les deux individus donnés par M. Boucard à la Mission scientifique proviennent de cette dernière localité, ou plus exactement de Caïmito, village situé près de Chorera.

Ces exemplaires sont, comme on le voit, de petite taille ; le type décrit par M. Günther mesurait 135 millimètres (y compris l'uroptère sans doute) ; l'espèce, d'après MM. Jordan et Evermann, peut atteindre jusqu'à 203 millimètres et serait très commune.

Ce Poisson a d'abord été indiqué comme des îles Sandwich, et M. Günther, en le figurant en 1869 dans les *Transactions of the Zoological Society*, maintient l'authenticité de cette provenance, que les auteurs américains contestent.

Genre HOLACANTHUS.

Lacépède, an x (1802), *Hist. poiss.*, t. IV, p. 525.

Museau court. Dents sétiformes, plurisériées. Préopercule armé à son angle d'une dent longue, très forte ; membrane blanchiostège soudée à l'isthme gulaire. Dorsale unique, continue, sans épine notablement allongée. Écailles du type flabellé, characophore, les rangées un peu moins visiblement régulières que d'habitude par suite de l'intercalation d'écailles accessoires entre les écailles principales ; le nombre des séries transversales serait de 40 à 60.

MM. Jordan et Evermann ont retiré du genre *Holacanthus* de Lacépède un certain nombre d'espèces dont ils ont formé un groupe spécial sous le nom d'*Angelichthys*. Les deux groupes génériques diffèrent par cet unique caractère que, chez celui-là, le bord montant du préopercule est garni d'une serrature de dents petites, égales, tandis que chez celui-ci on ne voit que quelques épines, robustes, graduellement décroissantes. Cette unique différence justifie-t-elle une distinction aussi importante? La chose est douteuse et je ne crois pas utile de l'admettre.

Compris dans son extension ordinaire, ce genre renferme peut-être une quarantaine d'espèces répandues, comme les *Chætodon*, dans toutes les mers tropicales, dont elles font l'ornement par la richesse de leurs couleurs.

Sur les côtes d'Amérique, on en signale 6, les unes de l'Océan Pacifique : *Holacanthus passer*, Valenciennes; *H. clarionensis*, Gilbert; *H. iodocus*, Jordan et Rutter; les autres de l'Atlantique : *H. tricolor*, Bloch; *H. ciliaris*, Linné; *H. isabelita*, Jordan et Rutter.

L'*Holacanthus ciliaris* seul a été rapporté par la Mission scientifique du Mexique.

HOLACANTHUS CILIARIS, Linné.

(Pl. IX, fig. 2, 2", 2ᵇ, 2ᶜ, 2ᵈ.)

Chætodon ciliaris, Linnæus, 1758, *Syst. nat.*, édit. X, p. 276.
Holacanthus ciliaris, Lacépède, an x (1802), *Hist. nat. Poiss.*, t. IV, p. 527 et 533.
Angelichthys ciliaris, Jordan et Evermann, 1898, *Fish. N. Amer.*, t. II, p. 1684.

D. XIV, 19; A. III, 18.
Écailles : 10/45/32.

Tête entrant pour 2/7 dans la longueur du corps; la hauteur équivaut à 5/8, l'épaisseur à 1/6, la longueur de l'uroptère à 3/11 de cette même dimension. — Le museau est plutôt court, très peu moins de 2/7 de la longueur de la tête; l'œil occupe 1/4, et l'intervalle interorbitaire équivaut à 1/3 de cette même dimension.

Les denticulations du bord montant du préopercule, au-dessus de la grande épine angulaire, sont inégalement espacées, de grandeur médiocre; on en compte 7; celles du sous-opercule sont sensiblement plus fortes.

L'écaillure, comme on l'a fait déjà remarquer. chez les *Holacanthus* aussi bien que

IMPRIMERIE NATIONALE.

pour le genre voisin *Pomacanthus*, ne montre pas, surtout chez les individus secs, une disposition au premier abord régulière en rangées transversales obliques, disposition si nette chez les *Chætodon*. Cela tient à ce que, sur ce qu'on peut appeler la véritable écaille, se placent de petites squamules dans l'angle formé par les deux écailles antécédentes (pl. IX, fig. 2ª). Cette disposition existe aussi pour les écailles de la ligne latérale, laquelle est très peu visible [1], les squamules masquant le canal.

Coloration des plus belles; un croquis de Bocourt, que la planche a rendu avec une exactitude aussi grande que le procédé d'exécution employé pouvait le permettre, dispense d'entrer dans de grands détails à ce sujet. Toutefois, les nageoires paires et la caudale sont sur le croquis d'un jaune d'or plus vif; d'autre part, l'anneau pâle qui entoure la tache noire caractéristique nuchale est très peu ou même non indiqué et remplacé par une teinte bleu foncé; sans doute il devient plus marqué après la mort et l'action de l'alcool, la chose n'est pas sans exemple.

Les écailles, en ce qui concerne leur structure, doivent être étudiées avec quelques détails, car elles se rapportent à un type en palissade non encore reconnu, que j'ai plus haut qualifié de *characophore*. Elles sont de trois sortes. Outre les écailles ordinaires qui garnissent les flancs et les écailles de la ligne latérale, il faut, en effet, distinguer des écailles supplémentaires, dont il vient d'être question sous le nom de squamules.

Les écailles des flancs [2] sont d'une forme assez régulièrement quadrilatérale; l'une d'elles mesure 7 millim. 5 de long sur 8 millimètres de large; le champ antérieur est parcouru par des sillons centrifuges entre lesquels, sur le bord radiculaire, se voient des festons parfaitement nets; on en compte cinq sur l'écaille spécialement examinée; sur ce champ, aussi bien que sur les champs latéraux, les crêtes concentriques, à un grossissement un peu fort, paraissent d'une finesse remarquable et sont coupées de petites lignes noires divergentes; le champ postérieur présente, au bord libre, une série de pointes aiguës (ici au nombre d'environ 47), formées non de spinules terminant une série rayonnante de spinules semblables, comme dans les écailles cténoïdes proprement dites, mais constituées par les extrémités saillantes d'autant de tiges d'une seule pièce s'étendant de la limite antérieure du champ au travers de celui-ci jusqu'au bord libre; ces tiges, à leur origine, sont ordinairement multifides, les crêtes concentriques pénétrant leur base sur une petite longueur; elles sont intimement soudées avec la lamelle, qui remonte sur les côtés de chaque pointe en ne laissant libre que l'extrémité aiguë. Il est admissible que cette tige résulte de la soudure des spinules en série; les connexions avec les crêtes concentriques indiquent le rapport morphologique des unes avec les autres.

Les écailles supplémentaires [3], ou squamules, diffèrent des précédentes par leurs dimensions très variables sur un même point et beaucoup plus petites; de deux squa-

---

[1] Pour en rendre le trajet plus distinct, elle a été plutôt exagérée sur la figure 2 de la planche IX.

[2] Pl. IX, fig. 2ᵇ.

[3] Pl. IX, fig. 2ᶜ.

mules voisines, l'une mesurait 4 millimètres de long sur 2 millim. 25 de large, l'autre
1 millim. 25 sur 1 millim. 50; la forme est celle d'un écu d'armoirie ou d'un bouclier
triangulaire, le sommet étant l'extrémité radicale. La structure est la même que celle
des écailles des flancs, si ce n'est que le champ antérieur a complètement disparu et
qu'on ne trouve ni sillons centrifuges, ni festons.

Les écailles de la ligne latérale[1], dont une, prise au niveau de l'écaille des flancs,
mesure 5 millim. 5 de long sur 6 de haut, sont absolument du même type que cette
dernière, un peu plus régulièrement arrondies, à tiges spinulaires un peu moins nombreuses, 31; le canal offre un orifice antérieur et se bifurque en arrière, pour con-
tourner en quelque sorte la perforation focale au niveau du bord postérieur de laquelle
les deux tubes terminaux divergent; ceux-ci sont courts, n'atteignant pas le bord libre[2].

	millim.	1/100ᵉˢ
Longueur du corps	170	"
Hauteur	106	62
Épaisseur	28	16
Longueur de la tête	48	28
Longueur de l'uroptère	46	26
Longueur du museau	15	31
Diamètre de l'œil	12	25
Espace interorbitaire	16	33

N° 9839 du Catalogue de la collection du Muséum.

Habitat. — Toute la partie intertropicale Ouest de l'Océan Atlantique.

La Commission scientifique a trouvé l'*Holacanthus ciliaris* dans la rade de Bélize.

Cette espèce, des plus communes, est depuis longtemps connue des zoologistes. La
robe brillante de ce Poisson, la taille qu'il peut atteindre (jusqu'à 380 millimètres,
d'après Cuvier et Valenciennes) ne pouvaient manquer d'attirer sur lui l'attention
même des personnes étrangères à l'histoire naturelle, quoique ses qualités alimentaires
soient, dit-on, médiocres.

Il constitue le type d'un genre *Angelichthys*, Jordan et Evermann, signalé plus haut.

Genre **PIMELEPTERUS.**

Lacépède, an x (1802), *Hist. nat. poiss.*, t. IV, p. 429.

Museau court, busqué. Dents tranchantes plurisériées. Préopercule simple.
Membrane branchiostège soudée à l'isthme gulaire. Dorsale unique, continue,

---

[1] Pl. IX, fig. 2ᵈ. — [2] Cela ne se constate bien qu'à un grossissement un peu fort; le dessinateur n'a pu rendre
cette disposition.

sans épine notablement allongée. Écailles du type flabellé polystique, en rangées régulières, le nombre des séries transversales étant de 60 à 70.

Il est douteux que ce genre doive rester parmi les Squamipennidæ; sans entrer dans une discussion qui ne serait pas ici à sa place, je me borne à rappeler que M. Günther l'a transporté parmi les Sparidæ (1859). Comme le fait remarquer M. Sauvage (1891), la présence de dents au palais et la structure des écailles ne parlent pas en faveur de cette manière de voir. MM. Jordan et Evermann (1898) créent pour lui et cinq autres genres une famille spéciale des Kyphosidæ, dont il constitue le type. Cette manière de trancher la difficulté, en multipliant à l'infini et sans raisons absolument déterminantes des coupes de cette importance, ne me paraît pas scientifique.

On a aussi élevé des doutes sur la dénomination qu'il conviendrait d'adopter pour le genre lui-même.

Cuvier et Valenciennes, dans un exposé historique fait avec cette érudition et cette largeur de vue qui n'ont pas été surpassées, ont montré que Lacépède avait successivement, sous quatre noms génériques de *Kyphosus*, *Pimelepterus*, *Dorsuarius* et *Xyster*, décrit des Poissons appartenant sans doute à un même genre, peut-être à une même espèce, le premier et les deux derniers d'après des dessins et des notes laissés par Commerson, le second d'après un dessin et une note qui lui avaient été directement remis par Bosc. Les auteurs de l'*Histoire naturelle des Poissons* ont choisi ce nom de *Pimelepterus*, quoique celui de *Kyphosus* eût l'antériorité, ayant paru dans le tome III, l'autre dans le tome IV de l'ouvrage de Lacépède, et, suivant moi, cette manière de procéder est absolument légitime. Le dessin de Commerson, sur lequel le genre *Kyphosus* a été établi, ayant été fait d'après un individu déformé « soit par quelque maladie, soit par la manière dont il a été préparé », l'application du nom reste très douteuse et, dans une saine application des règles de la nomenclature, doit être rejeté. Les auteurs américains l'ont cependant repris, en l'orthographiant tantôt *Cyphosus*, tantôt *Kyphosus*, et la famille créée par MM. Jordan et Evermann porte le nom de Kyphosidæ.

Le genre *Pimelepterus* se trouve répandu dans toutes les mers tropicales; le

nombre des espèces admises dans l'ouvrage classique de M. Günther est de 6 ; il
devrait au moins être doublé aujourd'hui.

Sur les côtes d'Amérique, MM. Jordan et Evermann en signalent 5, dont 2 de
l'Océan Atlantique : *Pimelepterus incisor*, Cuvier et Valenciennes; *P. sectatrix*,
Linné (*P. Boscii*, auct.); les autres de l'Océan Pacifique : *P. analogus*, Gill;
P. elegans, Peters; *P. lutescens*, Jordan et Gilbert.

C'est à l'avant-dernière de ces espèces que se rapporte un individu capturé
par Bocourt.

PIMELEPTERUS ELEGANS, Peters.

Pimelepterus elegans, Peters, 1869, *Monatsb. Berlin*, p. 707.
Kyphosus elegans, Jordan et Evermann, 1898, p. 1387.

D. XI, 12; A. III, 12.
Écailles : 11/63/19.

Tête entrant pour 4/11 dans la longueur du corps; la hauteur équivaut à 7 11,
l'épaisseur à 2/11, la longueur de la caudale à 3/8 de cette même dimension. — Le
museau occupe 1/3, l'œil 1/4 de la longueur de la tête; l'intervalle oculaire équivaut
à 2/5 de cette même dimension.

Le maxillaire, en grande partie caché sous le sous-orbitaire, atteint le bord antérieur
de l'œil. La formule dentaire serait 39/32 ; ces dents sont arrondies à leur extrémité
libre, plutôt tranchantes que pointues. On compte environ 11 rangées d'écailles sur la
joue. Il n'y a distinctement d'écailles canaliculées, 17 à peu près, qu'à la partie postérieure du corps; en avant, il faut y regarder de très près pour les apercevoir. L'anale
est élevée, sa base étant seulement le double du plus long rayon, qui équivaut à 2/7
de la longueur de la tête.

Dans son état actuel de conservation, l'animal est d'un brun doré avec 16 à 20 lignes
plus claires disposées longitudinalement. Sous l'œil, se voit un trait argenté.

Les écailles, du type flabellé polystique, sont assez régulièrement quadrilatérales,
n'ayant de feston qu'à la partie moyenne du bord antérieur; une des flancs mesure
7 millim. 5 de long sur 10 millimètres de large, une de la ligne latérale 6 millim. 5
sur 7 millim. 5. Le canal de ces dernières, comme chez les *Holacanthus*, se partage, au
niveau de la perforation focale, en deux branches, lesquelles contournent celle-ci.

	millim.	1 100°
Longueur du corps	225	//
Hauteur	120	65

	millim.	1/100ᵉ
Épaisseur	34	18
Longueur de la tête	64	35
Longeur de l'uroptère	68	37
Longueur du museau	22	34
Diamètre de l'œil	17	26
Espace interorbitaire	25	39

N° 83-788 du Catalogue de la collection du Muséum.

Habitat. — Côte du Pacifique, du golfe de Californie à Tanesco.

L'individu appartenant à la Mission scientifique vient de cette dernière localité, où l'a pris Bocourt.

Bien que les espèces du genre *Pimelepterus*, même en se bornant à celles qu'on rencontre dans la région intertropicale américaine, soient assez voisines les unes des autres, il me paraît y avoir peu de doutes sur l'identification spécifique de notre individu. Par sa nageoire anale plus élevée, il se distingue du *Pimelepterus analogus*, Gill, chez lequel la base est triple de la hauteur, prise au plus haut rayon; le *P. lutescens*, Jordan et Gilbert, a le maxillaire beaucoup plus long, atteignant la pupille, c'est-à-dire dépassant notablement le bord antérieur de l'orbite; le *P. incisor*, Cuvier et Valenciennes, aurait un rayon de plus à l'anale, sa hauteur serait moindre, 2 fois 1/2 à 3 fois dans la longueur du corps; quant au *P. sectatrix*, Linné, sa hauteur, 2 fois 1/2, est également plus faible, et il n'a que 55 écailles à la ligne latérale.

Il n'est pas inutile de remarquer que, pour le compte de ces dernières écailles, on peut se trouver embarrassé. S'il n'y a d'indiquées ici que 63 écailles, c'est que je n'y ai pas compris 6 écailles plus petites, appartenant plutôt au revêtement écailleux de la caudale. C'est à cela peut-être qu'il faut attribuer la différence qu'on constate dans le travail de MM. Jordan et Evermann pour les formules des écailles de ce *Pimelepterus elegans* : sur le tableau synoptique, on trouve 12/67/20, et 11/63/17 dans la description.

Famille des **BATRACHIDÆ**.

Les Poissons qui composent cette famille se distinguent par la forme de leur tête déprimée, élargie, leurs nageoires ventrales jugulaires, non longuement pédiculées. Les dents, bien développées, robustes et mousses, se voient aux deux mâchoires et à la voûte palatale, avec d'autres dents en velours. Peau nue ou à écailles aulacocycloïdes multiradiées. Deux nageoires dorsales : l'antérieure

courte, composée de deux, trois ou quatre épines; la seconde allongée, multiradiée;
l'anale semblable à cette dernière.

Cette famille, malgré son peu d'importance quant au nombre des espèces, est
intéressante à plusieurs points de vue.

Les écailles qu'on rencontre chez les *Batrachoïdes*, tout en étant imbriquées et
du type aulacocycloïde, multiradiées[1], sont toutefois intracutanées. La peau, assez
épaisse, forme un revêtement complet qui les coiffe entièrement dans leur partie
libre; il faut l'inciser pour les en extraire. Quoique la ligne latérale soit très pro-
noncée, les tubes qui la composent sont simplement cutanés, sans écaille annexe,
adhérente; il semble toutefois que l'écaille placée dans le voisinage se courbe en
oublie ou en gouttière, pour protéger le canal. La mollesse des tissus empêche de
constater nettement les choses sur des individus conservés depuis longtemps dans
l'alcool; il serait nécessaire d'avoir des sujets frais, qu'on pût durcir par les pro-
cédés habituels, pour faire des coupes et mettre la disposition hors de doute. Ces
écailles sont de forme ovalaire à foyer excentrique antérieur.

Dans ces dernières années, M. J.-A. Ryder (1886 et 1890) a étudié sur
l'*Opsanus tau* la manière dont les petits, encore munis de leur vésicule ombilicale,
adhèrent aux corps sous-marins. Les œufs dans cette espèce étant, comme chez
un grand nombre d'autres Poissons, fixés au moment de la ponte aux pierres ou
autres objets immergés, à un certain moment du développement leur enveloppe
extérieure, la coque, se rompt; mais il s'est produit alors une adhérence entre
cette coque et la vésicule ombilicale, juste au point où celle-là adhère elle-même,
de sorte que l'embryon, quoique en rapport avec l'extérieur, n'en est pas plus
capable pour cela de nager librement, ce qui n'arrive que lorsque la vésicule ombilicale est en grande partie résorbée. M. Ryder a suivi avec grand soin la succession
des phénomènes, aussi bien pour l'étude morphologique que pour l'étude histo-
logique, et insiste, avec raison, sur la différence profonde qui sépare cette adhérence en quelque sorte mécanique, de l'adhérence volontaire au moyen d'appareils
adhésifs spéciaux, comme chez les *Gobiesox*, les *Cyclopterus* et autres Poissons

[1] Voir plus loin, p. 244 et suiv.

qui ne sont pas sans avoir avec les Batrachidæ des affinités réelles, différence que ne paraissent pas avoir bien saisie quelques auteurs subséquents.

On s'accorde généralement avec Cuvier et Valenciennes pour donner à la ventrale la formule 1, 2. La structure de cette nageoire a été très soigneusement décrite par ces auteurs (*Histoire des Poissons*, t. XII, p. 468). D'après ce que je puis voir sur un des *Batrachoides Pacifici* de grande taille, l'épine proprement dite est si peu développée, que sa présence devient douteuse, et ce que l'on sent sous la peau est le premier rayon très nettement articulé, mais rigide, surtout dans sa partie basilaire; d'autre part, le second rayon, articulé et branchu, est divisé si profondément en éventail, qu'il simule quatre ou cinq rayons distincts; la dissection seule permet de constater leur soudure à la partie basilaire; sur le sec, l'apparence de rayons isolés multiples est encore plus frappante.

C'est à cette famille qu'appartiennent les genres *Thalassophryne*, *Thalassia* et *Dactor*, chez lesquels se rencontrent des appareils venimeux que M. Günther a fait connaître pour le premier. Ils sont constitués par des glandes vénénifiques en rapport avec des épines canaliculées, qui assurent la pénétration du liquide venimeux.

Dès la première édition du *Règne animal*, Cuvier a regardé les Batrachoïdes comme constituant un type à part, et, dans la seconde, il indique trois coupes conservées dans le XII⁰ volume de l'*Histoire des Poissons*, lesquelles correspondraient aux trois genres *Batrachoides*, *Opsanus* et *Porichthys*. Il les place dans le voisinage des Pectorales pédiculés, rapport justifié par l'aspect extérieur et qui a été conservé par les auteurs jusqu'à et y compris M. Günther (1861 et 1880). MM. Jordan et Gilbert (1882) élevant les Pediculati au rang d'ordre distinct des Acanthopteri, dans lesquels est laissée la famille des Batrachidæ, ces Poissons se sont trouvés ainsi éloignés les uns des autres, et M. Boulenger (1904) adopte en partie cette manière de voir, bien que, par la disposition des sous-ordres en lesquels il partage les Téléostéens, les rapports d'affinités soient nettement indiqués.

Dès 1898 toutefois, MM. Jordan et Evermann ont été encore plus loin en proposant de former des Batrachoididæ un sous-ordre spécial, les Haplodoci, qui se distinguent par le fait que chez eux le post-temporal (surscapulaire des auteurs) est indivis (ἁπλόος, simple; δοκός, poutre). Cependant M. Boulenger nous dit, à propos des PEDICULATI, que ceux-ci ont le post-temporal « aplati et ankylosé au crâne », comme Cuvier et Valenciennes avaient déjà montré que, chez les BATRACHIDÆ, ce surscapulaire manquait chez le *Lophius* et le *Batrachus,* ou tout au moins que sa présence était contestable, opinion qui, pour la Baudroie, d'après les pièces que j'ai sous les yeux, est très justifiée. Il est évident que ce caractère, dont la valeur morphologique est douteuse, ne peut guère justifier l'emploi qu'en font MM. Jordan et Evermann.

Dans l'état actuel de nos connaissances, les auteurs admettent sept genres, que le tableau synoptique suivant permettra de reconnaître par des caractères objectifs :

BATRACHIDÆ.

		écailleux		*Batrachoides*, Lacépède.
Épines de la première nageoire dorsale au nombre de	3. Corps	sans écailles. Pore axillaire	nul.	*Marcgravia*, Jordan.
			distinct	*Opsanus*, Rafinesque.
		multiple		*Porichthys*, Girard.
	2 ou 4. Ligne latérale	unique. Nageoires dorsales et anales	non confondues avec la nageoire caudale. Épines de la première nageoire dorsale au nombre de	2.. *Thalassophryne*, Günther.
				4.. *Thalassia*, Berg.
			confondues avec la nageoire caudale..	*Dæctor*, Jordan et Evermann.

On peut se demander si les genres *Marcgravia* et *Opsanus* méritent d'être regardés comme distincts : la présence ou l'absence du pore axillaire, dont la signification physiologique nous échappe encore, n'est-elle pas plutôt un caractère spécifique? C'est l'opinion admise par M. Günther et par Day. Les genres *Thalassophryne, Thalassia, Dæctor* offrent aussi entre eux de grandes affinités, entre autres la présence de ces appareils venimeux dont il a été question plus haut, lesquels manquent dans tous les autres genres, et les particularités anatomiques par lesquelles on les distingue paraissent bien secondaires. Dans ce cas, le nombre des genres se trouverait réduit à quatre.

On peut admettre que cette famille renferme de 15 à 20 espèces, dont près des deux tiers sont américaines, habitant plutôt les mers intertropicales, quoique certaines d'entre elles puissent se rencontrer en dehors des régions chaudes proprement dites. Ce sont des espèces côtières ou même littorales; toutefois l'*Opsanus pardus*, Goode et Bean, est signalé comme d'eau profonde.

Les espèces qu'on peut regarder comme se rapportant à la région de l'Amérique centrale sont au nombre d'une dizaine. Les unes appartiennent à l'Atlantique : *Batrachoides surinamensis*, Bloch-Schneider; *Opsanus tau*, Linné; *O. pardus*, Goode et Bean; *Porichthys porosissimus*, Cuvier et Valenciennes; *Thalassophryne maculosa*, Günther; d'autres au Pacifique : *Batrachoides Pacifici*, Günther; *Porichthys notatus*, Girard; *P. margaritatus*, Richardson; *Thalassophryne reticulata*, Günther; *Dæctor Dowi*, Jordan et Gilbert.

Les collections de la Commission scientifique du Mexique ne renferment que trois exemplaires se rapportant à la famille des Batrachidæ; ils représentent deux genres et autant d'espèces : *Batrachoides Pacifici* et *Opsanus tau*.

Les genres étant suffisamment définis par le tableau ci-dessus, je me contenterai de quelques brefs renseignements sur les deux espèces.

BATRACHOIDES PACIFICI, Günther.

Batrachus Pacifici, Gunther, 1861, *Catal.*, t. III, p. 173.
Batrachoides Pacifici, Gill, 1863, *Proceed. Ac. nat. Sc. Philadelphia*, p. 170.
Batrachoides Pacifici, Jordan et Evermann, 1898, t. III, p. 2314.

D. III, 27; A. 25. + V. I, 2.

Écailles : 13/102/40.

	millim.	1/100ᵉ
Longueur du corps	310	//
Hauteur	51	16
Épaisseur	97	31
Longueur de la tête	113	36
Longueur de l'uroptère	54	17
Longueur du museau	28	25
Diamètre de l'œil	9	8
Espace interorbitaire	50	44

Nᵒ 94-335 du Catalogue de la collection du Muséum.

Habitat. — Panama.

Les exemplaires, au nombre de deux, car il y en a un plus petit mesurant 151 + 31 = 182 millimètres, ont été pris par M. Bocourt plus au Nord, à La Union (Salvador), et M. Sauvage a retrouvé l'espèce plus au Sud, dans une collection rapportée de Guayas (Équateur) par M. André.

Cette espèce est évidemment très voisine du *Batrachoides surinanensis*, Bloch-Schneider;

le seul caractère réellement de valeur est la dimension des dents vomériennes, plus faibles et plus nombreuses chez celui-ci (14, au lieu de 8 à 9 dans l'espèce ici mentionnée).

La distinction devient encore plus douteuse si l'on admet, avec M. Günther, l'identification de ce *Batrachoïdes Pacifici*, avec le *B. liberiensis*, décrit par M. Steindachner en 1867 [1], de la côte occidentale d'Afrique.

OPSANUS TAU, Linné.

Gadus tau, Linné, 1766, *Syst. nat.*, p. 439.
Opsanus cerapanus, Rafinesque, 1817, p. 204 (Sec. Jordan et Evermann).
Opsanus tau, Jordan et Evermann, 1898, t. III, p. 2315 (synonymie).

D. III, 25; A. 20. + V. I, 2.
Écailles : o.

	millim.	1/100ᵐ
Longueur du corps	158	"
Hauteur	29	18
Épaisseur	45	28
Longueur de la tête	58	36
Longueur de l'uroptère	28	17
Longueur du museau	12	20
Diamètre de l'œil	7	12
Espace interorbitaire	14	24

N° A. 9728 du Catalogue de la collection du Muséum.

Habitat. — Toute la côte Atlantique, depuis le cap Cod jusqu'à Cuba.

La collection de la Mission scientifique ne renferme que cet exemplaire, acquis de M. Boucard en 1868.

Avec cette espèce, on ne connaît dans le genre, sur les côtes américaines, que l'*Opsanus pardus*, Goode et Bean, présenté par ces auteurs à titre de sous-espèce; elle ne se distingue en effet que par sa coloration, où, sur un fond pâle, se voient des taches noires très marquées, tandis que dans l'*Opsanus tau* les maculations sont plutôt brunes, en marbrures nuageuses.

SCOMBÉROÏDES.

Dès la première édition du *Règne animal*, Cuvier établissait sous le nom de Scombéroïdes un groupe auquel il attribuait le rang de famille; celle-ci compre-

[1] *Ichtyologische Notizen*, IV, dans les *Sitzb. Akad. Wien*, t. LV, p. 520, pl. I, fig. 2 et 3.

naît 32 genres. En 1829, tout en rendant l'ensemble plus homogène par la suppression de certains genres, tels que les *Gasterosteus*, les *Theutys*, les *Amphacanthus*, etc., le nombre de ceux-ci était porté à 46, et plus tard à 53 dans la grande *Histoire des Poissons*, en y ajoutant, il est vrai, quelques types *Lepidopus*, *Trichiurus*, rangés dans la famille des Tænioïdes dans les deux éditions du *Règne animal*.

La coupe, dans son ensemble, bien qu'elle soit peut-être difficile à définir d'une manière précise, est assez naturelle, car les auteurs subséquents l'ont toujours conservée, sauf de légères modifications.

M. Günther, en 1861, dans une synopsis des familles des Acanthoptérygiens[1], où se trouvent des considérations très intéressantes et nouvelles sur la classification de ces Téléostéens, les joint, il est vrai, aux Scleroparidæ et aux Trachinidæ, invoquant des affinités qui, tout en étant incontestables, ne paraissent pas justifier une réunion aussi intime, et d'autre part en éloigne les Xiphiidæ et les Trichiuridæ. Toutefois, les Scombridæ, subdivisés en cinq groupes, qui ont été élevés au rang de familles distinctes, joints aux Carangidæ, nous ramènent en grande partie aux idées primitives de Cuvier.

Dans le récent travail de M. Boulenger (1904), sa seconde division des Acanthopterygii, désignée sous le nom de Scombriformes, comprend neuf familles, dont huit, celle des Bramidæ faisant exception, reconstituent on peut dire complètement l'ancien groupe des Scombéroïdes de la grande *Histoire des Poissons*.

Il en est de même pour la tribu des Scombroidea admise dans ses Percomorphi par M. Jordan (1905).

MM. Jordan et Evermann, dans leur ouvrage dont il ne peut pas ici ne pas être fait mention lorsqu'il s'agit de parler des Poissons de l'Amérique intertropicale, admettent également un grand groupe des Scombroidei, où ils ne comprennent pas moins de 22 familles. Ici encore, les idées anciennes trouvent une réelle confirmation: on remarquera entre autres la réintégration des *Tetragonurus* qui, dans la première édition du *Règne animal*, étaient placés, quoique avec doute, parmi les Scombéroïdes «à deux dorsales dont la première n'est pas épineuse».

Il est inutile d'insister ici davantage sur ces considérations générales destinées à

[1] T. III du *Catalogue du British Museum*, Appendice, p. vi, § II, A., B., C., D., E.

justifier le groupement des quelques espèces rapportées par la Commission scientifique de l'Amérique centrale. Elles sont peu nombreuses et ne présentent qu'un intérêt secondaire, au point de vue ichtyologique, dans le voyage accompli par Bocourt, puisque l'immense majorité des Scombéroïdes sont des Poissons marins.

Je me bornerai donc à une simple énumération, en la faisant suivre de quelques remarques générales suggérées par l'examen de certains exemplaires.

SCOMBÉROÏDES.

LISTE DES ESPÈCES FAISANT PARTIE DES COLLECTIONS DE LA COMMISSION SCIENTIFIQUE DU MEXIQUE[1].

Fam. SCOMBRIDÆ.

1. SCOMBEROMORUS MACULATUS, Mitchill (*Cybium maculatum*, auctorum).
    Habitat. — Mexique (Boucard).
    N° A. 9730 du Catalogue de la collection du Muséum.

Fam. CARANGIDÆ.

2. OLIGOPLITES SAURUS, Bloch-Schneider (*Chorinemus occidentalis*, auctorum).
    Habitat. — Tanesco (Bocourt); Mexique (Boucard).
    N°° 83-792 et A. 9729 du Catalogue de la collection du Muséum.

3. OLIGOPLITES ALTUS, Günther (*Chorinemus altus*, auctorum).
    Habitat. — Tanesco (Bocourt).
    N° 83-815 du Catalogue de la collection du Muséum.
    N°° 83-790, 791 des Entrées.

4. HEMICARANX AMBLYRHYNCHUS, Cuvier et Valenciennes (*Caranx amblyrhynchus*, auctorum).
    Habitat. — Mexique (Boucard).
    N° A. 9731 du Catalogue de la collection du Muséum.

5. CARANX HIPPOS, Linné (*Caranx carangus*, auctorum).
    Habitat. — Lac Isabal (Bocourt).
    N° 83-795 du Catalogue de la collection du Muséum.

6. CARANX LATUS, Agassiz (*Caranx hippos*, auctorum).
    Habitat. — Jamaïque (Bocourt).
    N° 83-797 du Catalogue de la collection du Muséum.

[1] Dans ce tableau et ceux du même genre, les animaux sont désignés comme : *du Catalogue de la collection du Muséum ou des Entrées*, suivant qu'ils ont été mis dans les collections ou réservés pour une destination autre.

7. CARANX LUGUBRIS, Poey (*Caranx Ascensionis*, auctorum).

    Habitat. — Jamaïque, Belize (Bocourt); Vera-Cruz (Sallé); Mexique (Boucard).

      Nᵒˢ 83-796 et 83-794 du Catalogue de la collection du Muséum.

      Nᵒˢ 94-96 et 68-92 des Entrées.

8. CHLOROSCOMBRUS CHRYSURUS, Linné (*Micropteryx chrysurus*, auctorum).

    Habitat. — Jamaïque (Bocourt).

      Nᵒ 83-789 du Catalogue de la collection du Muséum.

9. TRACHYNOTUS FALCATUS, Linné (*Trachynotus ovatus*, auctorum).

    Habitat. — La Union (Bocourt).

      Nᵒ 83-793 du Catalogue de la collection du Muséum.

10. VOMER SETIPINNIS, Mitchill (*Argyreiosus setipinnis*, auctorum).

    Habitat. — Jamaïque (Bocourt).

      Nᵒ 83-799 du Catalogue de la collection du Muséum.

      Nᵒ 1868-94 des Entrées.

11. SELENE VOMER, Linné (*Argyreiosus vomer*, auctorum).

    Habitat. — Rivière Mullins (Bocourt).

      Nᵒ 83-798 du Catalogue de la collection du Muséum.

Fam. TRICHIURIDÆ.

12. TRICHIURUS LEPTURUS, Linné (*Trichiurus lepturus*, auctorum).

    Habitat. — Belize (Bocourt).

      Nᵒˢ 83-800, 801 du Catalogue de la collection du Muséum.

Sur cette liste, la première désignation spécifique est celle adoptée par MM. Jordan et Evermann dans leur grand travail sur les Poissons de l'Amérique septentrionale et centrale. La seconde est ce qu'on peut appeler la désignation courante; elle est empruntée au catalogue de M. Günther, le seul travail que nous ayons encore sur l'ensemble de l'Ichtyologie systématique et auquel, par suite, on est d'ordinaire obligé de recourir.

Il n'est pas facile en effet, dans la période que nous traversons, de s'y reconnaître dans la désignation des espèces, souvent les plus communes, avec les changements introduits par le rigorisme avec lequel sont interprétées, dans bien des cas, les lois de la nomenclature en ce qui concerne le droit de priorité.

Ainsi, pour donner un exemple, sur les douze Scombéroïdes ici énumérés et que le hasard désigne, un seul, le *Trichiurus lepturus*, conserve son appellation ordinaire à la fois comme genre et comme espèce. Tous les autres sont modifiés

un à la fois pour les deux termes, six pour le nom générique, quatre pour le
nom spécifique. Il n'est pas nécessaire d'insister, pour faire sentir la perturba-
tion qui en résulte actuellement dans les études ichtyologiques.

Y a-t-il au moins lieu d'espérer que cette période de bouleversement se ter-
mine bientôt et fasse place à une stabilité durable dans la terminologie? Les quelques réflexions qui suivent se rapportent à deux des genres ici cités, les *Oligoplites* et les *Micropteryx*; elles montreront, je pense, l'arbitraire qui préside malgré
tout dans bien des cas au choix des appellations, ce qui rend contestable la légi-
timité des changements proposés.

Le premier de ces genres est un démembrement du genre *Chorinemus*, institué lui-même par Cuvier et Valenciennes comme substitution au genre *Scombe-
roïdes* de Lacépède.

Dans la grande *Histoire des Poissons*, ces auteurs, multipliant un peu facile-
ment les espèces, suivant la tendance de l'époque, tendance qui, du reste, n'est
pas absolument perdue de nos jours, les groupaient en deux sections d'après l'habitat : 11 des Indes orientales, 5 des mers américaines, en faisant remarquer
qu'une différence dans l'écaillure venait dans bien des cas (car elle ne leur paraissait pas générale) corroborer cette distinction géographique. M. Günther adopta,
à peu de chose près, la compréhension du genre telle que ces auteurs l'avaient
instituée.

En 1863, M. Théodore Gill, dans une note sur les collections ichtyologiques
rapportées à l'Institution Smithsonienne par le capitaine John Dow, décrivait, sous
le nom d'*Oligoplites inornatus*, un Scombéroïde trouvé dans la mer des Caraïbes,
très voisin, dit-il, du *Chorinemus occidentalis*, Cuvier et Valenciennes; les recherches ultérieures ont conduit à l'identification des deux espèces. Toutefois, le point
important est la création de ce genre nouveau *Oligoplites*, établi, l'auteur le dit
d'une manière expresse, comme un démembrement du genre *Chorinemus* pour les
espèces occidentales. Il est à remarquer que M. Gill définit le nouveau groupe
d'une manière plus que sommaire; il n'en donne point de diagnose et le seul caractère positif indiqué dans le cours du travail est tiré du nombre des épines
constituant la première nageoire dorsale, quatre ou cinq dans les espèces occidentales, les espèces orientales ou africaines en ayant généralement sept.

L'auteur ne paraît donc présenter ce nouveau genre, en quelque sorte, que conditionnellement.

MM. Jordan et Gilbert (1882) ne l'admirent d'abord qu'à titre de section; mais, dans le même ouvrage, par une note complémentaire, ils l'élèvent au rang de genre, ajoutant, comme caractère, aux écailles linéaires enfoncées dans le tégument, l'absence de dents ptérygoïdiennes. Cette manière de voir se retrouve dans le grand travail de MM. Jordan et Evermann (1896).

Le caractère des écailles, déjà signalé par Cuvier et Valenciennes, est-il absolu? Il a été dit depuis longtemps que, dans les espèces orientales, on trouve sous ce rapport des variations assez grandes; les écailles sont loin d'être toujours absolument distinctes dans toutes les espèces et certaines feraient passage à la disposition connue chez les Oligoplites occidentaux; les recherches modernes confirment le fait. (Voir en particulier : Day, *Chorinemus moadetta*.)

Quant à l'absence de dents ptérygoïdiennes, chez les *Oligoplites* ou Chorinèmes occidentaux, il est nécessaire de préciser. Sur le *Chorinemus altus*, Günther, dont la collection de la Mission scientifique renferme plusieurs exemplaires, quelques-uns en mauvais état se prêtant d'une manière particulièrement favorable à l'étude ostéologique, on constate que l'os ptérygoïde proprement dit est incontestablement muni de dents en velours faisant suite, sans discontinuité, à celles de la plaque palatine. En est-il de même sur les autres espèces, en particulier chez le *Chorinemus occidentalis*, si voisin du *Chorinemus altus?* Sans pouvoir disposer de pièces permettant un examen aussi direct, sur un individu très bien conservé dans l'alcool je constate que la rangée latérale des dents palatales se continue en arrière au delà de l'orbite et, comme c'est au-dessous de celle-ci que se trouve la suture palato-ptérygoïdienne, il est vraisemblable que la partie postérieure de la rangée appartient à ce ptérygoïde.

D'ailleurs M. Boulenger qui, à ma demande, a bien voulu examiner la disposition des dents palatales chez le *Chorinemus occidentalis*, dont le Muséum ne possède pas d'exemplaire, m'a confirmé la présence de dents ptérygoïdiennes comme chez le *Chorinemus altus*. Mais il faut distinguer entre les dents ectoptérygoïdiennes (placées sur le ptérygoïdien proprement dit d'Owen et des auteurs modernes, transverse de Cuvier) et les dents entoptérygoïdiennes (placées sur le ptérygoïdien interne de Cuvier) : c'est à celles-ci que s'appliquerait la caractéristique donnée par M. Jordan. On trouve en effet sur le *Chorinemus Sancti Petri*, par exemple, des plaques de très fines dents en velours placées sur ce ptérygoïdien interne; elles manquent chez notre *Chorinemus altus*. Il faut avouer que ces dénominations anatomiques variées prêtent à la confusion, et l'on peut regretter sur des points ostéologiques encore sujets à controverse, qu'on s'écarte, sans raison majeure, d'une nomenclature qui a au moins pour elle l'antériorité.

En résumé, on peut dire que les dents ptérygoïdiennes existent chez tous les *Chorinemus* s. lat., étant entoptérygoïdiennes chez les *Chorinemus* s. str., ectoptérygoïdiennes en même temps chez les *Oligoplites*[1].

Comme seconde question, est-il légitime d'autre part d'adopter pour le genre le nom de *Scomberomorus*, antérieur il est vrai à celui de *Chorinemus*, mais ne remplissant peut-être pas les conditions d'être « clairement et suffisamment défini »? Pour cela, semble-t-il en effet, il faut que sa diagnose soit précise et exacte, qu'elle se rapporte à un type nettement déterminé. On sait que, dans bien des cas, les genres Cépédiens ne remplissent ces conditions, surtout la première, que très imparfaitement. Ici cependant, la caractéristique, sans être aussi complète qu'on pourrait le désirer, ne contient aucun terme exclusif, ce qui mérite considération, quand on se reporte à l'époque où l'ouvrage a été publié. La voici intégralement : « De petites nageoires au-dessus et au-dessous de la queue; une seule nageoire dorsale, plusieurs aiguillons au devant de la nageoire du dos. » Mais on peut objecter à l'adoption de ce nom, qu'il ne s'applique pas à un

---

[1] Chez le *Chorinemus altus*, les deux épines prosépiptériques présentent une disposition qui pourrait avoir son importance au point de vue de la division du genre. Elles sont *eustathériques*, c'est-à-dire susceptibles, après avoir été relevées, de s'étayer dans cette situation par un de ces mécanismes, depuis longtemps connus, mais que M. Sörensen (1884) a étudiés d'une manière si complète, et de ne pouvoir être abaissées sans rupture, à moins, par des manœuvres convenables, de faire cesser ce calage de l'épine, si cette expression était permise. Autant que les exemplaires examinés m'ont permis de le voir, cette disposition n'existerait pas chez le *Chorinemus Sancti Petri*, Cuvier et Valenciennes. Mais ici encore les pièces ostéologiques que j'ai pu extraire du *Chorinemus altus* (lesquelles permettent de bien voir la forme des bases de ces épines et d'en étudier le jeu), l'examen d'un petit individu du *Chorinemus occidentalis* sur lequel ces mêmes épines sont dressées et non abaissables, permettent pour eux d'établir l'usage physiologique de ces organes. Mais je ne puis en dire autant des Chorinèmes orientaux, examinés seulement sur des sujets entiers, chez lesquels ces épines, moins robustes, d'après ce que j'ai cru remarquer, jouent plus librement, soit qu'on les élève ou qu'on les abaisse, au moins pour des sujets conservés dans l'alcool. On ne peut donc présenter cette dernière observation qu'avec certaines réserves; ce serait à des zoologistes placés dans des conditions favorables de pousser plus loin cette étude, pour reconnaître s'il y a là une différence constante, qui justifierait certainement alors la division en deux genres.

objet défini. En effet, Lacépède cite trois espèces, dont la première est le *Scomberoides Noeli*, décrit d'après un individu bien conservé, dit-il, provenant de la collection du Stathouder; ce type paraît avoir été perdu et a même été supprimé de la série ichtyologique, car aucun auteur subséquent ne le mentionne, à part l'indication donnée en passant par MM. Jordan et Gilbert (1882, p. 446), pour reprendre le terme de *Scomberoides*. C'est cependant sans aucun doute le type du genre, car les deux autres espèces ne sont connues de Lacépède que par des dessins, l'un de Commerson, l'autre du P. Plumier, cette dernière espèce (Lacépède en a fait plus tard la remarque) indiquée et figurée par Bloch d'après ce même document.

On conviendra que c'est assez maigre : le type non existant, non figuré, décrit d'une manière insuffisante, sans localité d'origine, n'étant pas identifiable, les deux autres espèces n'ayant été réellement connues que depuis les travaux de Cuvier et Valenciennes qui, d'après des pièces authentiques, ont pu rectifier ce que les dessins avaient d'incorrect et d'inexact. Dans cet état de cause, celui qui prétendrait que le nom de *Scomberoides* n'est pas recevable, d'après les conventions de la nomenclature, n'aurait pas absolument tort.

Mais en admettant la légimité de ce nom générique, comment justifier la préférence du nom d'*Oligoplites* sur celui de *Chorinemus*, si l'on subdivise ce genre comme le propose M. Th. Gill? Il a toujours été de règle, dans ce cas, de conserver le nom primitif à la division dans laquelle se trouve le type générique; mais aux espèces restantes, quel droit invoquer pour ne pas leur conserver un nom sous lequel elles ont été primitivement désignées? Le nom de *Chorinemus* est de 1817, celui d'*Oligoplites* de 1863 : pourquoi la loi d'antériorité, bonne dans un cas, ne serait-elle plus recevable dans l'autre?

Une objection de même ordre paraît pouvoir être soulevée à propos des dénominations génériques *Micropteryx*, Agassiz (1829), et *Chloroscombrus*, Girard, appliquées à l'espèce Linnéenne *Scomber chrysurus*. Les auteurs de l'*Histoire naturelle des Poissons* en avaient fait le *Seriola cosmopolita*, mais le collaborateur de Spix, par une interprétation exagérée des règles de la nomenclature d'après les conventions actuelles, crut devoir changer ce nom de *Seriola*, déjà usité par Linné en botanique, en celui de *Micropteryx*, appliqué dans son travail à cette unique espèce. MM. Jordan et Evermann (1896, t. I, p. 937) éliminent ce nom pour adopter celui de *Chloroscombrus*, parce que celui de « *Micropteryx*, Agassiz, était donné en substitution à celui de *Seriola*, dont il doit être considéré comme synonyme[1] ». C'est là une application arbitraire de la loi de priorité, qui ouvrirait la porte à une multitude de changements de noms plus propres à surcharger la nomenclature qu'à la simplifier, et la manière de faire de M. Günther dans son catalogue classique paraît à la fois plus rationnelle et plus équitable.

Ces remarques feront ressortir combien sages sont les réserves formulées par ce dernier savant, lorsqu'il se demande « si la stricte application de la loi de priorité invoquée avec un tel rigorisme dans les règles modernes de la nomenclature zoologique et adoptées par l'auteur de ce volume[2], en vertu de laquelle les productions de la valeur la plus contestable sont placées sur le même niveau que les ouvrages classiques des fondateurs de l'Ichthyologie, sera d'un réel profit pour la science et n'est pas une chose discutable ».

FAMILLE DES GOBIIDÆ.

Corps plus ou moins cylindro-conique ou même cylindrique, surtout en avant, ne présentant pas de ligne latérale distincte. Bouche terminale et latérale. Membrane branchiale soudée à l'isthme gulaire. Épiptère double, l'antérieure à rayons simples ordinairement flexibles, la postérieure molle beaucoup plus longue que la précédente; hypoptère semblable à l'épiptère molle; uroptère convexe ou aiguë, rarement tronquée. Catopes thoraciques ordinairement composées d'une épine et de cinq rayons, rapprochées, souvent unies en un disque infundibuliforme jouant le rôle de ventouse; manquant dans un cas (*Oxyderces*). Écailles du type cténoïde spanostique ou plus régulièrement monostiques. Une papille anale. Pas de cœcums pyloriques ni ordinairement de vessie natatoire.

La principale remarque à faire sur cette diagnose est relative à la ligne latérale.

---

[1] Cette citation est empruntée à la préface. p. ix, du premier volume du *Catalogue of the Fishes in the British Museum*, dans la seconde édition publiée par M. Boulenger, en 1895.

[2] Une raison plus valable à invoquer serait qu'Hubner. dès 1816, a employé, avec une orthographe très peu différente et d'ailleurs fautive, *Micropterix*, ce nom pour un genre d'Insectes.

Les auteurs se bornent à signaler son absence, ce qui est exact, si on se contente d'un examen morphologique superficiel. Mais le système sensoriel auquel se rapporte cette ligne latérale existe cependant, comme le témoigne, au moins sur certaines espèces, la présence d'écailles caractéristiques[1]; c'est un point sur lequel il sera revenu plus loin. Seulement ces écailles, d'après ce qui nous est connu, seraient irrégulièrement disséminées sur le corps, sans former la ligne caractéristique ordinaire.

Les écailles proprement dites sont généralement prises pour type des écailles cténoïdes oligostiques monostiques[2], mais dans nombre de cas les spinules manquent soit sur certaines parties du corps, le dos et le ventre par exemple[3], soit sur toute son étendue, devenant alors cténoïdes spanostiques. Dans une étude générale des Gobiidés, il y aurait lieu de développer ce point intéressant de leur histoire que je me contente de signaler ici, où nous n'avons qu'à faire connaître une faune spéciale d'après une collection limitée.

Toutefois cette famille des plus naturelles a donné lieu, en ce qui concerne la structure de ses écailles, à des travaux intéressants au point de vue de la connaissance générale de ces organites. Mandl, Agassiz, dès 1839 et 1840, avaient attiré l'attention sur ce point; plus récemment, Georges Pouchet et moi-même avons repris la question, en utilisant les ressources que la technique moderne met à la disposition des chercheurs pour les études histologiques. Il n'est pas inutile d'insister ici sur ce point qui peut jeter quelques lumières sur la constitution générale des écailles et sur les rapports que l'on peut établir entre ces organes et leurs analogues sur le tégument d'autres Poissons, tels que les Élasmobranches.

Les écailles du *Gobius niger,* Linné, que je prends pour type, se composent d'une lame et de spinules, constituées par des tissus durs, revêtues, au moins en partie, par l'épiderme mou qui enduit toute la surface du poisson. La lame[4] peut exister seule, soit sur tout le corps chez les très jeunes individus, soit, chez l'adulte, sur les parties ventrales; c'est, on le sait, un fait habituel chez les Poissons cténoïdes. Sa forme est alors plus ou moins arrondie et son bord antérieur

[1] Pl. X *bis,* fig. 4'.
[2] Pl. X *bis.* Fig. 2. 3 . 3', 4 : pl. X *ter,* fig. 2.
[3] Pl. X *bis.* fig. 2ª. 3'. 3', 3'. 3'.
[4] Pl. X *ter.* fig. 1. Ce dessin et les suivants, relatifs aux écailles du *Gobius niger,* ont été faits au bourg d'Ault en 1874. (Voir les *Comptes rendus de l'Académie des Sciences,* t. LXXXI, p. 137-139; séance du 19 décembre 1875.)

ne présente pas plus de sept à huit lobes marginaux; les crêtes concentriques apparaissent sous forme de traits vermiculés. L'épithélium, formé de cellules pavimenteuses à noyau, recouvre la face externe de la lamelle sur son tiers postérieur environ et s'étend un peu moins sur la face interne. Au point de réflexion, sur l'extrémité postérieure de l'écaille, les cellules s'accumulent en formant une sorte de bordure transparente à sa partie libre, foncée par un dépôt pigmentaire vers le point de contact avec la lamelle scléreuse. Ces deux couches épithéliales peuvent être regardées comme les analogues de la couche cornée et de la couche de Malpighi de l'épiderme.

Dans les écailles complètes[1], la lamelle est quadrilatérale, ou si l'on veut pentagonale, avec le côté antérieur arrondi et le côté postérieur un peu anguleux; le nombre des festons marginaux ne paraît jamais dépasser neuf ou dix. Le foyer ordinairement petit et circulaire est marginal, très rapproché du bord postérieur; les crêtes concentriques sont nombreuses et assez régulièrement disposées. L'épithélium, dans lequel la couche pigmentaire, formée de chromoblastes étoilés et très distincts, se présente comme un amas marginal de cellules dans lequel les spinules sont entièrement plongées. Celles-ci apparaissent dans l'ordre indiqué par les auteurs, c'est-à-dire en commençant par une spinule médiane, puis par paires latérales; au moins est-ce ce qu'on doit supposer, d'après l'examen anatomique, qui montre toujours les spinules en nombre impair, lorsque le nombre ne dépasse pas sept; au delà, il n'est pas rare de trouver un nombre pair, ce qu'on doit sans doute attribuer au développement inégalement prompt des spinules latérales. Les faits ici consignés viennent à l'appui de cette manière de voir. La hauteur de ces spinules varie, suivant qu'on considère celles du centre ou celles des côtés, en n'ayant égard bien entendu qu'aux spinules complètement développées; les premières sont sensiblement plus courtes et la taille va en croissant d'une manière régulière jusqu'aux spinules les plus voisines des angles, en sorte que toutes les pointes, sans arriver sur une même ligne droite, forment cependant un angle un peu plus ouvert que l'angle formé par le bord postérieur de la lamelle. La pointe des spinules fait seule une légère saillie hors de l'épithélium; ce dernier, en ce point, montre particulièrement bien les amas pigmentaires distribués

[1] Pl. X ter, fig. 2.

en une première couche qui borde la lamelle à la base des spinules, et une seconde formée de chromoblastes ordinairement isolés, placés dans les espaces interspinulaires, tous à la même hauteur, donnant un dessin fort élégant.

Les cellules épithéliales, point très important à noter, sont d'une délicatesse extrême; le simple contact de l'eau de mer, ne fût-ce que pendant une dizaine de minutes, les gonfle, les désagrège et les transforme en un magma dans lequel il devient impossible de saisir les détails qu'on vient de lire et encore moins les suivants. Pour répéter ces observations, il est donc de la plus grande importance d'avoir un poisson non seulement frais, mais vivant; le *Gobius niger,* pour cela, est particulièrement favorable : il résiste longtemps et peut être conservé plusieurs jours, sans presque aucun soin, dans une très petite quantité d'eau de mer, surtout dans un vase plat, sous une petite hauteur de liquide.

Aussitôt l'écaille arrachée, on devra la porter sous le microscope et la regarder de suite, ou, si l'on veut prolonger l'observation, il faut immédiatement durcir les tissus par l'emploi de réactifs, tels que l'alcool absolu, les solutions d'acide chromique, d'acide picrique, d'acide osmique, etc.; dans ce cas, les préparations se conservent assez bien pour qu'on puisse, avec les précautions convenables, les monter dans le baume du Canada. Toutefois, il ne faut pas négliger l'examen rapide de l'écaille dans l'eau de mer, pour avoir une idée exacte de ces tissus; on ne saurait avoir trop présent à l'esprit dans les études histologiques, qu'il est indispensable de se rapprocher autant que possible de l'état normal pour étudier les éléments anatomiques et, lorsqu'on les a traités par des réactifs plus ou moins violents, on n'a naturellement sous les yeux qu'une image plus ou moins altérée de ces parties délicates.

En se plaçant dans des conditions convenables, sur presque toutes les écailles on rencontre, en dehors des spinules parfaites, deux de ces organes, un de chaque côté, en voie de développement, et, si on multiplie les observations, il est facile de se faire une idée nette de leur évolution.

Dans l'état le plus rudimentaire que j'aie pu observer, la spinule[1] est réduite à une sorte de cône surbaissé, large de o millim. o3 à sa base, sur une hauteur égale, entouré de cellules mesurant o millim. oo9 à o millim. o14, semblables

---

[1] Pl. X *ter,* fig. 3.

d'ailleurs par leur aspect et leurs dimensions aux autres éléments épithéliaux, mais s'en distinguant néanmoins par un agencement en masse plus ou moins sphérique. Le cône est composé d'une substance très finement granuleuse, surtout après l'action de certains réactifs, tels que l'acide acétique; on peut le considérer comme l'organe chargé de fournir les matériaux nécessaires à l'accroissement de la spinule, une sorte de papille spinulaire, l'amas sphérique représentant alors le follicule.

Un peu plus tard, ce follicule devient moins net[1] ou même n'est plus visible[2]; en revanche, la spinule s'est compliquée; la papille existe toujours dans le même état et à peu près la même forme, mais sa pointe est comme coiffée d'une gaine transparente hyaline, premier rudiment de la substance vitro-dentineuse qui constituera l'organe complètement développé. A ce moment, si on traite ces parties par l'acide acétique[3], le tissu de la papille devient granuleux, tandis que la gaine pâlit; avec ce réactif, je n'ai pas observé d'effervescence, ni de diminution sensible de volume, ce qu'on doit attribuer à la petite quantité de substance calcaire que contient le tissu, comparée à l'abondance de la matière organique.

Le développement se continue jusqu'à l'état complet par l'augmentation graduelle du cône dentineux qui coiffe la papille; un premier effet est de cacher celle-ci[4], les choses restant à peu près dans l'état du stade précédent; enfin la pointe s'allonge et finit par percer la bordure épidermique[5].

Cependant la portion molle, organique, qui constitue la papille, paraît persister plus ou moins longtemps. En traitant l'écaille par un acide fort, tel que l'acide chlorhydrique ou l'acide azotique, pour faire disparaître les sels calcaires, ce qui a lieu alors avec effervescence, on voit l'aspect des spinules se modifier profondément; la longueur devient à peine moitié de celle de l'organe intact, la substance granuleuse constituant la papille apparaît sous la forme d'une sorte de bouton basilaire, prolongé vers le bord libre de l'amas épidermique par un cylindre constitué de la même substance; sur les spinules jeunes[6], la papille seule reste: sur celles complètement développées[7], le prolongement cylindrique est coiffé par

[1] Pl. X *ter*, fig. 6.
[2] Pl. X *ter*, fig. 5.
[3] Pl. X *ter*, fig. 8.
[4] Pl. X *ter*, fig. 4.
[5] Pl. X *ter*, fig. 5 : spinule interne.
[6] Pl. X *ter*, fig. 7 : spinule externe.
[7] Pl. X *ter*, fig. 7 : les deux spinules internes.

la substance organique de la dentine décalcifiée, persistant sous l'apparence d'une couche hyaline, transparente, élastique, dans laquelle on devine une sorte de structure fibreuse longitudinale. Sous l'action de ce réactif, et par l'effet du dégagement de l'acide carbonique, le gaz très souvent s'accumule sous l'épiderme entre la lamelle et la rangée des spinules et les sépare, mettant bien en évidence la discontinuité de ces parties.

Il ne peut donc y avoir doute sur ces deux faits chez le *Gobius* : 1° le développement, dans l'épaisseur de l'épiderme, des spinules s'isolant des parties homologues préexistantes; 2° l'indépendance de celles-là et de la lamelle de l'écaille.

Les *Anthias* présentent un autre exemple de l'indépendance à établir, au moins chez certains poissons, entre la lamelle et les spinules. Je pense qu'on pourrait, sur cet animal, à l'état frais, observer d'une manière peut-être encore plus distincte le développement de ces dernières dans l'épiderme. En examinant les écailles d'un *Anthias asperilinguis*, Günther, sur des individus adultes et depuis longtemps dans l'alcool[1], les écailles paraissent au premier abord construites sur le même type que celles du *Gobius;* la lamelle semble porter à son bord libre un seul rang de spinules qui, sur les écailles desséchées, sont remarquablement caduques et très évidemment non soudées à la lamelle; on voit en effet sur le bord de celle-ci une échancrure correspondant exactement et régulièrement à la base arrondie de la spinule, lorsque celle-ci se détache accidentellement. C'est ce qui a été signalé ailleurs pour justifier la distinction des *Anthias* comme genre, en dehors des *Serranus* et des *Epinephelus*[2], ce qui est d'ailleurs aujourd'hui admis universellement. Dans certaines circonstances, il n'en est plus de même. Sur des *Anthias sacer*, Linné, envoyés de Marseille, lesquels, sans être dans un état de fraîcheur absolue, n'avaient pas cependant été froissés ni surtout lavés, j'ai reconnu qu'il existait plutôt deux rangs de spinules[3]. Les unes sont complètement développées et, sans être adhérentes à la lamelle, n'en sont séparées que par une faible épaisseur de tissu, consistant, autant qu'il m'a été possible d'en juger, en un seul rang de cellules régulièrement pavimenteuses. Entre ces spinules, s'en trouvent

---

[1] Pl. X ter. fig. 9.

[2] Voir l'article intitulé : *Sur certains caractères différentiels de quelques genres appartenant au groupe des Serra-* rina, dans le *Bull. Soc. Phil. de Paris,* nouvelle série, t. X (1873), p. 52.

[3] Pl. X ter, fig. 10.

d'autres plus petites, qu'on doit regarder peut-être comme des spinules en voie de développement; elles sont plongées dans l'épiderme et plus éloignées du bord de la lamelle.

On est conduit à conclure de ces observations, en premier lieu, que chez ces Poissons les spinules et la lamelle se développent d'une manière indépendante et, si on a égard au rapport des parties avec les tissus environnants, les premières appartiennent à l'épiderme, la seconde à la partie profonde des téguments, c'est-à-dire au derme. En considérant ces organes dans l'ensemble du groupe, on pourrait regarder les écailles de ces Cténoïdes comme une sorte de type intermédiaire. Chez l'Anguille, les *Rypticus*, les *Grammistes*, certains Blennioïdes, l'écaille réduite à la lamelle est sous-épidermique et privée de spinules. Les écailles cycloïdes ordinaires s'en rapprochent; toutefois la portion libre de l'écaille présente souvent des crêtes plus saillantes, des tubercules[1] qui dépendent peut-être de dépôts fournis par l'épiderme. Chez les Squales et les Raies, les portions dures des téguments sont au contraire d'une tout autre nature, beaucoup plus superficielles, on peut dire épidermiques. Je crois donc que, chez les *Gobius* et les Poissons analogues, on doit comparer la lamelle à l'écaille profonde de l'Anguille et les spinules libres aux scutelles des Plagiostomes.

Une seconde conclusion pourrait être également proposée pour expliquer la constitution théorique des écailles des Cténoïdes, en s'appuyant sur les observations faites sur le *Gobius* et l'*Anthias*. Sur le premier de ces Poissons, ce qu'on a vu plus haut prouve que les nouvelles spinules naissent par paires de chaque côté de la ou des précédentes; on comprend de cette façon que le bord libre de la lamelle, au fur et à mesure de l'accroissement de celle-ci, puisse se garnir de ses spinules. Celles-ci sont-elles permanentes ou caduques? Dans ce dernier cas, la reproduction de la spinule se fait-elle *in situ*, un nouveau follicule se reproduisant là où l'organe est tombé, ou au contraire, le développement n'ayant jamais lieu que sur les bords, y a-t-il glissement des spinules vers le centre pour combler les vides? C'est ce que l'observation seule pourra décider. L'examen d'un grand nombre d'écailles du *Gobius niger* me porte cependant à supposer que les spinules sont en effet caduques et ne se reproduisent qu'aux deux extrémités de la série.

[1] Voir les détails donnés sur l'écaille de la Carpe par Baudelot. *Archiv. de Zool. exp. et gén.*, t. II (1873). p. 210.

IMPRIMERIE NATIONALE.

Chez l' *luthias*, autant qu'il est permis d'en juger par les observations incomplètes que j'ai citées, c'est entre les spinules préexistantes que se forment les organes de remplacement, et lorsqu'un des premiers tombe, l'un des deux voisins, en se développant, doit pouvoir le remplacer; il est même possible que la chute du rang des spinules développées coïncide avec un accroissement nouveau de la lamelle, sur le bord de laquelle se trouverait alors la rangée d'abord la plus externe qui deviendrait intérieure par le développement de nouveaux follicules dans les intervalles interspinulaires; mais ce ne sont là encore que de pures hypothèses.

Pour un grand nombre ou mieux la plupart des Poissons cténoïdes, par exemple la Perche, le Macropode, la Plie, etc., chez lesquels on peut constater, après l'action de la potasse surtout, que les spinules se détachent de la lamelle, il est probable que les spinules ont la même origine que celles des écailles des Gobies et des Barbiers; toutefois l'adhérence est plus intime, la spinule au lieu de se détacher persiste, seulement elle s'épointe, soit que, par suite de l'adjonction de nouvelles rangées d'épines et de nouvelles couches sous-jacentes, sa position plus superficielle la rende plus exposée aux contacts extérieurs, soit, ce qui paraît moins probable si l'on a égard à l'irrégularité des spinules anciennes, qu'il y ait résorption, la couhe épidermique, à aucune époque, ne cessant de revêtir la portion de l'écaille où se trouvent les spinules. Il va sans dire que cette explication ne s'appliquerait pas aux écailles des Harengs, des Thons, des Myripristis, etc., chez lesquels les saillies du bord postérieur de l'écaille sont certainement de simples prolongements de la lamelle, disposition très différente de celle des écailles réellement cténoïdes, comme Steeg en a depuis longtemps fait la remarque; on peut les désigner sous le nom d'*écailles pseudocténoïdes*.

La nomenclature des différentes sortes d'écailles chez les Poissons osseux présente un intérêt incontestable au point de vue descriptif, mais, comme pour des parties végétales telles que les feuilles, se heurte d'abord à cette première difficulté que les limites entre les variétés ne peuvent être regardées comme réelles et sont par essence des coupures purement arbitraires dans la série continue qu'elles forment. D'un autre côté et par la même cause, il y a autant de raisons pour multiplier les types à l'infini que pour les réduire à des types si généraux, qu'ils sont alors de peu d'emploi.

Pendant longtemps on s'est contenté, avec Louis Agassiz, de distinguer des écailles cténoïdes et des écailles cycloïdes, d'après la constatation absolue, pour ne pas dire brutale, de la présence ou de l'absence des spinules. On a fait remarquer combien il était illogique de réunir dans un même groupe l'écaille ventrale de la Perche, privée de spinules, il est vrai, mais en dehors de cela ne différant pas des autres écailles franchement cténoïdes du même Poisson et les écailles du Saumon, cycloïdes typiques. A différentes reprises, j'ai insisté sur ce point, soit dans diverses publications, soit dans mes cours, et je donne ici, à titre documentaire plutôt qu'autrement, un tableau mis sous les yeux des auditeurs dans les leçons de l'année scolaire 1904-1905.

Ce tableau ne s'applique qu'aux Poissons Téléostéens *eulépidotiques*, c'est-à-dire chez lesquels se voient des écailles constituées fondamentalement comme celles décrites plus haut chez le *Gobius*, qui en présente un type à la fois simple et complet. Je laisse de côté les Téléostéens qu'on appellerait *anomolépidotiques*, chez lesquels la structure, parfois analogue, fournit cependant une écaille d'un type très différent (*Centriscus, Trachichthys, Tetragonurus*), d'autres fois même pourrait bien avoir une structure très différente (*Cyclopterus lumpus*, Silures cuirassés). Nous sommes certainement loin de connaître à l'heure actuelle toutes les anomalies de cette sorte que présentent les Téléostéens et chaque jour en fait découvrir de nouvelles.

Même ainsi limité, ce tableau ne doit être accepté qu'avec certaines réserves. En premier lieu, les divisions n'ont rien d'absolu puisqu'on passe, je l'ai dit, par des transitions insensibles de l'une à l'autre, et une série continue conduit des écailles intracutanées aux écailles cténoïdes polystiques par une suite de modifications ininterrompues. D'autre part, si l'on ne peut pas observer les écailles en place, dans certains cas il sera difficile, sinon impossible de savoir si elles appartiennent à telle ou telle division; par exemple, on pourra confondre des écailles intracutanées et des écailles aulacocycloïdes multiradiées, les écailles aulacocycloïdes hémiradiées avec certaines écailles cténoïdes spanostiques.

ÉCAILLES.

PRINCIPALES VARIÉTÉS À DISTINGUER CHEZ LES TÉLÉOSTÉENS ECLÉPIDOTIQUES.

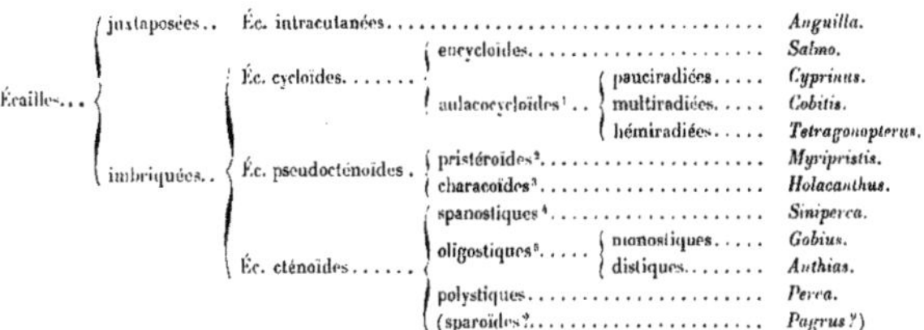

Écailles...				
juxtaposées..	Éc. intracutanées			Anguilla.
imbriquées..	Éc. cycloïdes	encycloïdes		Salmo.
		aulacocycloïdes[1]	pauciradiées	Cyprinus.
			multiradiées	Cobitis.
			hémiradiées	Tetragonopterus.
	Éc. pseudocténoïdes	pristéroïdes[2]		Myripristis.
		characoïdes[3]		Holacanthus.
	Éc. cténoïdes	spanostiques[4]		Siniperca.
		oligostiques[5]	monostiques	Gobius.
			distiques	Anthias.
		polystiques		Perca.
		(sparoïdes?		Pagrus?)

Comme commentaire à ce tableau, on voit que les écailles qui y sont comprises se composent toujours d'une lame peu ou point calcifiée, à laquelle s'ajoutent des parties au contraire fortement pénétrées de sels calcaires, y produisant des accidents divers d'où résultent différents aspects sur lesquels sont établies les variétés principales proposées.

Une première grande division partage les écailles suivant qu'elles sont juxtaposées, c'est-à-dire placées sur un même plan sans se recouvrir plus ou moins les unes les autres, ou qu'elles sont imbriquées.

Celles-là ne comprendraient qu'une variété, les *écailles intracutanées*, que j'avais parfois désignées sous le nom d'endermiques; mais cette dénomination paraît inexacte, car ces écailles sont situées, non dans le derme, mais à sa limite externe, en rapport par conséquent avec les couches profondes de l'épiderme, soit la couche limitante. Le type en est l'écaille de l'Anguille commune (*Anguilla anguilla*, Linné), chez laquelle une lame d'ordinaire en ovale allongé ou discoïde est chargée de dépôts calcaires également arrondis, plus ou moins régulièrement disposés concentriquement au centre. Chez les *Rypticus*, qui possèdent des écailles également intracutanées de forme analogue, les dépôts calcaires, plutôt quadrangulaires, se placent plus régulièrement en rangées concentriques à un foyer central,

---

1. Αὔλαξ, sillon.
2. Πριστηροειδής, en forme de scie.
3. Χάραξ, palissade.
4. Σπανός, dépourvu de; στίχος, rangée.
5. Ὀλίγος, en petit nombre.

démontrant leur analogie avec les îlots en lesquels sont divisées les crêtes concentriques par les sillons centrifuges.

Les écailles imbriquées les plus simples sont les écailles cycloïdes; mais ce terme ici est employé dans un sens plus restreint qu'il ne l'a été jusqu'à présent et s'applique à ceux de ces organites réduits à la lame, avec des parties calcifiées dont l'arrangement se complique d'une manière graduelle. Chez le Saumon, par exemple, la lame, plus ou moins discoïde, ne présente que des crêtes régulièrement concentriques autour d'un foyer central ou subcentral; c'est le type le plus simple, auquel s'applique la désignation de : *eucycloïde*. Dans les écailles *aulacocycloïdes*, comme le nom l'indique, des sillons centrifuges apparaissent, coupant les crêtes concentriques. Ces sillons peuvent partir du foyer indifféremment dans tous les sens, soit en petit nombre (*Cyprinus*), soit au contraire très nombreux (*Cobitis*); ces variations, au premier abord secondaires, impriment cependant à chacune de ces variétés un aspect assez différent, pour qu'il puisse être utile de les distinguer en *pauciradiées* et *multiradiées*, ces dernières nous ramenant à la disposition signalée pour les écailles intracutanées des Savonniers (*Rypticus*). Une disposition plus différente se voit dans les écailles *aulacocycloïdes hémiradiées*, chez lesquelles les rayons centrifuges n'existent que sur une portion, l'antérieure de la lame, et donnent un type difficile souvent à distinguer de celui dont il sera question dans un instant, sous le nom d'écailles cténoïdes spanostiques.

Les écailles dites *pseudocténoïdes* ne doivent pas être (cela a été dit plus haut) confondues, comme on l'a généralement fait, avec les écailles cténoïdes, et Louis Agassiz, qui le premier a attiré l'attention sur ces caractères, a précisément figuré comme un des types des écailles de cette dernière variété celles du *Myripristis*[1]. Le bord postérieur libre porte ici des dents, mais formées par des prolongements de la lamelle, ce bord offrant des entailles régulières à de petites distances les unes des autres; il n'y a jamais qu'une rangée, et la continuité de tissus ne permet pas de méconnaître cette variété, à laquelle je donne l'épithète de *pristéroïde*, la disposition ne pouvant mieux être comparée qu'à celle d'une scie; d'ailleurs le nom de *Myripristis* y faisait déjà allusion.

C'est aux écailles pseudocténoïdes que je rapporte la variété désignée sous le

[1] Agassiz, *Poissons fossiles*, t. 1, pl. II, fig. 14.

nom de *characoïde*, dont il a été question plus haut à propos des *Holacanthus*[1], ce qui me dispense d'entrer ici dans de plus amples détails. La soudure si intime avec la lame des côtes terminées au bord libre par les pointes ne permet pas de reconnaître de spinules réelles et de placer ce type avec les écailles cténoïdes proprement dites.

Un cas plus embarrassant est celui que nous offrent les écailles des *Macrurus*. Chez le *Macrurus trachyrhynchus,* on ne voit qu'un petit nombre d'épines très robustes[2] faisant corps avec la lame; chez le *Macrurus japonicus*[3], les épines moins fortes et plus nombreuses se disposent en séries rayonnantes; enfin on arrive à des écailles où ces épines deviennent beaucoup plus petites et sont encore disposées en séries, rappelant par suite ce que nous allons trouver dans les écailles cténoïdes polystiques; c'est ce que montre très bien l'écaille du *Macrurus macrolepidotus,* Kaup.[4]. Sans doute, pour les écailles de tous ces Poissons, la soudure des épines avec la lame est intime; l'action de la potasse n'amène pas une séparation facile, et il serait naturel de les regarder comme pseudocténoïdes, de les rapprocher jusqu'à un certain point des pristéroïdes, mais on ne peut disconvenir que l'aspect devient singulièrement différent de celui des écailles typiques de cette variété.

Il n'y a pas à insister sur le type des *écailles cténoïdes.* Outre qu'il est le plus commun, les détails dans lesquels on est entré plus haut à propos des écailles des *Gobius* et des *Anthias* en ont fait connaître un exemple des mieux caractérisés. Ce qui les distingue surtout des écailles pseudocténoïdes, c'est que les spinules se forment indépendamment de la lamelle : cette indépendance persiste d'ordinaire; lorsque le nombre des rangées des spinules est réduit, *écailles cténoïdes oligostiques,* on en trouve alors soit une seule rangée[5], *type monostique* (*Gobius*), soit deux[6], *type distique* (*Anthias*).

Les *écailles polystiques,* type le plus complet des écailles cténoïdes et le plus compliqué qu'on rencontre chez les Téléostéens eulépidotiques, ont été étudiées avec grand soin par nombre d'auteurs; mais Baudelot (1873) peut être cité entre tous comme en ayant donné une description des plus complètes, à laquelle il suffit

---

[1] Voir p. 218, et pl. IX, fig. 2^b, 2^c, 2^d.

[2] L. Vaillant, 1888, *Expédition du* Travailleur *et du* Talisman: Poissons. pl. XXI. fig. 2^b. 2^c.

[3] *Idem*, pl. XXI. fig. 1. 1'.

[4] *Idem*, pl. XXII, fig. 5.

[5] Pl. X *ter,* fig. 2.

[6] Pl. X *ter,* fig. 9 et 10.

de renvoyer. Ici la lamelle, par la disposition des parties calcifiées, est divisée en quatre champs bien distincts : un antérieur parcouru par les sillons centrifuges, deux latéraux où ne se voient en général que des crêtes concentriques, un postérieur chargé de spinules sur plusieurs rangées concentriques et en même temps alignées en séries rayonnantes, de telle sorte que les insertions soient disposées en quinconce. Les spinules, surtout celles voisines du bord postérieur, en général bien développées et entières, se détachent d'ordinaire avec une certaine facilité sur l'écaille encore fraîche et plus tard sous l'action de la potasse caustique.

Deux autres types sont indiqués sur le tableau, dans lesquels la disposition cténoïde disparaît en réalité et se modifie profondément; il reste à les signaler.

Les *écailles spanostiques*, quant à la disposition des champs antérieur et latéraux, rappellent absolument les écailles cténoïdes oligostiques et polystiques; seulement les spinules font défaut et le champ postérieur est ou absolument nu, ou n'offre que des prolongements plus ou moins complets des crêtes concentriques qui couvrent les champs latéraux. Lorsqu'on étudie sur une série transversale les écailles de la Perche, à partir de la ligne ventrale en remontant vers la partie supérieure, les premières d'entre elles donnent un type parfait de ces écailles spanostiques, puis l'on passe par des transitions insensibles aux écailles cténoïdes types, telles qu'elles ont été rappelées plus haut. Il est donc difficile, d'après cette considération, de disjoindre ces deux variétés d'écailles et de ne pas regarder les écailles ventrales comme un état d'arrêt de développement en quelque sorte des écailles des flancs; c'est ce qui m'engage à proposer de distinguer cette variété sous un nom spécial. Mais il ne faut pas se dissimuler que la ressemblance entre ces écailles spanostiques et les écailles aulacocycloïdes hémiradiées est extrême et que la distinction dans certains cas devient très délicate ou plutôt impossible. Sans doute, pour ces dernières, les champs sont généralement moins nettement limités; le champ postérieur est couvert de stries concentriques plus régulièrement disposées, mais ce sont là des caractères d'appréciation qui prêtent à la critique, et ce sera souvent par la comparaison d'écailles prises sur une autre partie d'un même individu, comme chez le *Perca fluviatilis*, ou encore par la comparaison avec des espèces de groupes voisins, ainsi le *Siniperca* comparé au *Perca*. C'est assez dire ce qu'il peut y avoir d'arbitraire, dans certains cas, dans ces rapprochements.

Enfin les auteurs ont désigné, sous l'épithète de *sparoïdes,* des écailles dans lesquelles le champ postérieur est chargé d'épines souvent peu développées, et qui, de plus, n'en présente pas au bord libre, lequel, par suite, n'est pas denticulé[1]. Chez différents Sparoïdes dont j'ai pu examiner les écailles, par exemple les Pagres, cette disposition me paraît loin d'être absolument nette, et je trouve des spinules, petites il est vrai, au bord libre, le reste du champ postérieur étant simplement rugueux; l'aspect de ces écailles est cependant assez spécial pour qu'il puisse être utile de les considérer comme une variété distincte.

Pour résumer cet exposé, il faut convenir qu'une classification des écailles, même en se bornant aux Téléostéens eulépidotiques, ne peut être encore établie sur des bases positives, si même elle peut jamais l'être. On se trouve en effet ici, je le répète, en face d'une difficulté fréquente dans la considération d'organes faciles à caractériser dans le plus grand nombre des cas, mais variés à l'infini, si bien que chacun mériterait un nom spécial. C'est un exemple déjà fourni dans l'étude des végétaux par les tentatives de « quelques botanistes qui ont voulu énumérer dans leurs livres toutes les formes de feuilles et leur donner des noms. Malgré leurs efforts, ils n'ont pu les comprendre toutes et, par suite, ont manqué leur but. Mais ce n'est là qu'un léger reproche à leur faire, en comparaison de celui qu'on peut justement leur adresser, d'avoir surchargé la science de mots pour le moins inutiles, et d'avoir publié sous le titre d'ouvrages élémentaires des dictionnaires étymologiques, ce qui a fait croire que la Botanique ne consiste que dans des définitions et n'est qu'une science de mots[2] ». Sans être bien certain de ne pas tomber ici sous la critique faite par le spirituel botaniste, il n'est pas inutile de chercher à préciser au moins les cas principaux dans de semblables sujets, ce que d'ailleurs lui-même a fait.

Les Gobioïdes forment, parmi les Téléostéens Acanthoptérygiens, un groupe naturel et spécial comparable aux grands groupes des Percoïdes, des Scombéroïdes, etc.; aussi a-t-il été institué dès le début des études sérieuses sur la classification des Poissons, sans avoir subi depuis de modifications notables. Dans le *Règne animal.* Cuvier l'établissait en y réunissant les Blenniés, lesquels pourtant

[1] Günther, 1880, *Introduction to the study of Fishes*, p. 46. — [2] J.-B. Payer, 1857, *Éléments de botanique*, p. 26.

s'éloignent plutôt des véritables Acanthoptérygiens pour présenter des affinités non douteuses avec les Anacanthiniens; mais, si dans la grande *Histoire des Poissons* cette fusion est encore maintenue, il est facile de voir, par la disposition même des chapitres, que les différences n'échappent point aux deux savants auteurs, Cuvier et Valenciennes. Cependant c'est à M. Günther (1861) que revient l'honneur d'avoir formulé la distinction d'une manière précise, en plaçant ces familles dans deux divisions distinctes : ACANTHOPTERYGII GOBIIFORMES, ACANTHOPTERYGII BLENNIIFORMES; manière de voir que les recherches subséquentes ont pleinement confirmée.

La famille des GOBIIDÆ, qui peut être regardée comme typique dans la première de ces divisions, renferme un grand nombre d'espèces; la majeure partie appartient au genre *Gobius*. Le catalogue de M. Günther énumère 21 genres, plus deux douteux, comprenant de 300 à 350 espèces, dont près de 200 *Gobius*. MM. Jordan et Evermann pensent qu'aujourd'hui ces nombres doivent être considérablement augmentés, estimant que celui des genres ne serait guère inférieur à 80, celui des espèces à 600. M. Boulenger (1904), tout en admettant ce dernier chiffre, ne cite que 21 genres principaux; cette manière de voir paraît être la plus près de la vérité; mais la famille, nous l'avons dit, étant très homogène, l'établissement des coupes génériques présente de grandes difficultés; toutefois, ici encore, la méthode qui consiste à former des genres avec une compréhension plutôt large est toujours préférable, pour ne pas les établir sur des caractères par trop secondaires.

Ce n'est pas ici la place de discuter la compréhension et la classification de l'ensemble des Gobioïdes qu'on rencontre sur toute la surface du globe. Les collections rassemblées par la Commission scientifique du Mexique ne comprennent en effet que 8 espèces appartenant à 5 genres; la liste des pages suivantes en donne l'énumération systématique.

GOBIIDÆ.

LISTE DES ESPÈCES FAISANT PARTIE DES COLLECTIONS
DE LA COMMISSION SCIENTIFIQUE DU MEXIQUE.

Genre PHILYPNUS, Cuvier et Valenciennes.

PHILYPNUS DORMITOR, Lacépède (*Eleotris dormitatrix*, auctorum).

Habitat. — Martinique (Bélanger).

N° A. 9782 du Catalogue de la collection du Muséum.

PHILYPNUS LATERALIS, Gill[1] (*Eleotris lateralis*, auctorum).

Habitat. — Rio Polochic, Lac Isabal (Bocourt).

N°' 94-319, 320 du Catalogue de la collection du Muséum.
N° 94-321 du Catalogue de la collection du Muséum.

Genre DORMITATOR, Gill.

DORMITATOR MACULATUS, Bloch (*Eleotris maculata*, auctorum).

Habitat. — Marais de Belize, Rivière Mullins (Bocourt); Tascotlan (Baron von Mueller).

N°' 94-323 à 327 du Catalogue de la collection du Muséum.
N°' 94-328 à 332 des Entrées.
N° 94-333 des Entrées.
N° 94-339 des Entrées.
N° 94-309 du Catalogue de la collection du Muséum (?)[2].
N° 2532 du Catalogue de la collection du Muséum.

Genre ELEOTRIS, Bloch-Schneider.

ELEOTRIS PISONIS, Gmelin (*Eleotris gyrinus*, auctorum).

Habitat. — Martinique (Bocourt).

N° 94-322 du Catalogue de la collection du Muséum.

[1] Il est permis de se demander si ces exemplaires appartiennent réellement à cette espèce ou variété. La distinction spécifique est, en effet, contestée non sans raison, par M. Günther (1861, p. 122); MM. Jordan et Evermann, de leur côté, avouent que le seul caractère distinctif positif serait tiré de la coloration plus brillante dans le *Philypnus lateralis* que dans le *P. dormitor* (1898, p. 2195). Les individus du lac Isabal et du Rio Polochic ont peut-être aussi un moins grand nombre d'écailles, 54 à 56/25 à 28, tandis que celui de la Martinique a pour formule 62/30. La détermination reste donc douteuse, si l'on ajoute surtout que ces Poissons viennent du versant Atlantique, tandis que les types du *Philypnus lateralis* venaient du versant Pacifique. Tout cela parle en faveur de la réunion de ces deux espèces.

Il n'est pas inutile de remarquer en passant que, dans l'*Histoire des Poissons* (1837, t. XII, p. 255), le renvoi au *Gobiomorus dormitor* dans Lacépède est fait par erreur au t. II, p. 599, la page réelle étant 589. Comme il n'arrive que trop souvent, cette faute typographique a été répétée par les auteurs subséquents (Günther, Jordan et Evermann, etc.).

[2] Cet exemplaire de très petite taille, $26 + 6 = 32$ millimètres, ne peut être déterminé d'une façon positive; il me paraît cependant se rapprocher plutôt du *Dormitator maculatus* que de toute autre espèce.

Eleotris abacurus, Jordan et Gilbert (*Eleotris belizianus*, Sauvage).

Habitat. — Mexique (Méhédin); Vera-Cruz (Boucard); Belize (Morelet); Cayenne (Mélinon).

N°ˢ 94-310 à 313 du Catalogue de la collection du Muséum.
N°ˢ 94-314 à 317 des Entrées.
N° 94-318 du Catalogue de la collection du Muséum.
N° 2528 du Catalogue de la collection du Muséum.
N° 27 du Catalogue de la collection du Muséum.
N° A. 2216 du Catalogue de la collection du Muséum.
N° A. 2217 du Catalogue de la collection du Muséum.

Genre SICYDIUM, Cuvier et Valenciennes.

Sicydium Plumieri, Bloch.

Habitat. — Martinique (Bocourt); Rio-Madre Viejo, Guatemala (Bocourt).

N°ˢ 94-303 à 305 du Catalogue de la collection du Muséum.
N°ˢ 94-306 à 308 des Entrées.

Sicydium Antillarum, Ogilvie Grant.

Habitat. — Martinique (Bocourt, Bélanger).

N° 94-302 du Catalogue de la collection du Muséum.
N° A. 9732 du Catalogue de la collection du Muséum.

Genre AWAOUS, Steindachner.

Awaous taiasica, Lichtenstein (*Gobius banana*, auctorum).

Habitat. — Martinique (Bélanger); Mexique (Sallé, Boucard).

N° A. 9897 du Catalogue de la collection du Muséum.
N° A. 9898 du Catalogue de la collection du Muséum.
N° A. 9899 du Catalogue de la collection du Muséum.
N° 1868-99 des Entrées.

Ces genres et ces espèces sont la plupart trop connues pour qu'il me paraisse utile d'y insister ici; je me bornerai à quelques remarques critiques sur les *Eleotris* et les *Sicydium*.

Genre ELEOTRIS.

Ce genre, bien défini aujourd'hui, peut être donné comme exemple des inconvénients de l'application du principe de la priorité, poussé, peut-on dire, jusqu'à l'absurde, en admettant comme créateurs d'un groupe des ichtyologistes qui n'en ont eu aucune idée, ni comme définition, ni comme compréhension.

Sans aucun doute, c'est Gronovius qui le premier, en 1766, se servit du nom d'*Eleotris*. Il l'empruntait à Athénée, à ce que nous apprend Valenciennes (*Histoire des Poissons*, t. XII, p. 218); mais il caractérisait le genre d'une manière imparfaite, la méthode binominale n'étant pas encore universellement adoptée à l'époque où il écrivait. Il y cite trois Poissons, dont deux n'appartiennent certainement pas au genre *Eleotris*, tel qu'il est limité aujourd'hui, mais au genre *Gobius;* le troisième, décrit d'après des exemplaires qu'il avait sous les yeux, sans localité d'habitat précise (*vivit sub zona torrida*), est rapporté à une espèce du Brésil citée et figurée par Marcgraff et Pison; j'aurai à revenir tout à l'heure sur ces figures assez imparfaites et prêtant au doute, lorsqu'il s'agit surtout d'un genre très homogène, dans lequel, beaucoup d'espèces étant très voisines les unes des autres, la distinction ne peut en être faite qu'à l'aide de documents très précis.

Le nom, repris dans l'édition de Bloch donnée par Schneider, s'y trouve peut-être encore plus mal défini, car la courte diagnose par laquelle on le caractérise au milieu des Octopterygii : *Pinnæ ventrales membrana connexæ*, est insuffisante, et de plus fausse en ce qui concerne la plupart des animaux que l'ichtyologiste de Berlin y fait entrer. Il cite en effet 11 espèces, dont 10 sont données comme appartenant, suivant lui, positivement à cette coupe générique. Or, abstraction faite de l'*Eleotris lophar*, Forskäll, dont il est difficile d'établir la signification exacte, et de l'*Eleotris Mauritii* (*Nomeus Gronovii*, Linné-Gmelin), ce dernier du groupe des Scombéroïdes *s. lat.*, des 8 restantes, 5 par leurs ventrales réunies en ventouses sont par cela seul exclues de ce genre tel qu'il est défini, et doivent être rapprochées du véritable genre *Gobius* comme le caractérise Bloch-Schneider : *Gobius minutus, G. ocellaris, G. cyprinoïdes, Sicydium lagocephalum, Apocryptes lanceolatus*. Seuls les *Eleotris strigata* et *E. Boddarti* auraient les nageoires ventrales non réunies en ventouses, mais simplement rapprochées. On s'accorde à regarder aujourd'hui la seconde de ces deux espèces comme le type d'un genre distinct, le genre *Periophthalmus*. Il ne reste donc, mais alors parfaitement à sa place, que l'*Eleotris strigata*, espèce bien décrite et admirablement figurée par Broussonnet. Ce Poisson, étant en tête de série, paraîtrait pouvoir être regardé comme type; mais les auteurs (il est difficile de s'expliquer pourquoi, à moins que ce ne soit à cause de la rareté de cet animal) ont préféré prendre l'*Eleotris Pisonis*, emprunté à Linné-Gmelin et que Bloch-Schneider, avec toute raison, ne place dans son genre *Eleotris* que sous expresses réserves et comme espèce mal connue (*Species non definiendæ*).

Cette réserve paraît d'ailleurs des plus justifiées. On sait, en effet, que le *Gobius Pisonis*, Linné-Gmelin, devenu *Eleotris Pisonis*, Bloch-Schneider, est fondé exclusivement sur les données descriptives et iconographiques fournies par l'ouvrage de Pison et Marcgraff. Ce travail, sur l'incomparable valeur duquel les naturalistes se sont depuis longtemps universellement accordés, et qui, pour l'époque, est des plus remarquables, ne pouvait cependant devancer la science en nous fournissant des détails dont l'Histoire naturelle n'a fait ressortir l'importance qu'au fur et à mesure de ses progrès. Le texte ne renferme, au point de vue zoologique, que des renseignements assez vagues, très insuffisants, et, sans les deux figures qui l'accompagnent, il n'est pas téméraire de dire qu'on n'eût jamais pu soupçonner à quel groupe il convenait de rapporter ces Poissons; cependant une d'entre elles, celle de l'*Amore Guacu*, est suffisante pour affirmer qu'il s'agit là d'un Gobioïde, que même on peut rapprocher avec assez de vraisemblance des *Eleotris*.

Avant, au reste, d'aller plus loin, et pour mettre sous les yeux du lecteur l'ensemble des documents relatifs à ces Poissons, je crois utile de reproduire ici le passage qui les concerne dans les intéressants travaux de Lichtenstein sur l'*Histoire naturelle* de Pison et Marcgraff[1] :

« Amore Guacu, Amore Pixuma et Amore Tinga. — Gronovius, dans son *Museum ichthyologicum* (p. 16 et 17), a fait des deux premiers de ces Poissons deux espèces de son genre *Eleotris* : ce sont ses première et troisième espèces, quoiqu'en fait il soit difficile de justifier qu'elles appartiennent réellement à ce genre, car nulle part dans Marcgraff il n'est question de la constitution des nageoires ventrales. Lors donc que Gmelin va jusqu'à établir sur l'un d'eux (l'Amore Pixuma) son *Gobius Pisonis*, on doit trouver très justifiée la réserve de Schneider, à savoir si un Poisson muni de nageoires ventrales divisées en filaments, comme le montre la figure, peut bien être effectivement un *Gobius* ou un *Eleotris*. Mais alors,

[1] Lichtenstein, 1818 à 1829, *Die Werke von Marcgrave und Piso über Naturgeschichte Brasiliensis, erläutert aus den wieder aufgefundenen Originalabbildungen*, dans les *Abhandlungen der Königlichen Akademie der Wissenschaften zu Berlin* : 1ʳᵉ partie. 1818. p. 201-222; 2ᵉ partie. 1819. p. 155-178; 3ᵉ partie. 1822. p. 237-257; 4ᵉ partie. 1822. p. 267-288. et 1829. p. 49-65. Malgré ce titre très général. il n'est question dans ce travail que de zoologie. et même spécialement que des animaux vertébrés.

qu'est-ce que ce peut être? Il est bien difficile d'en rien décider à l'heure actuelle. Pour ce qui est du premier cité dans l'énumération (Amore Guacu) nous avons, il est vrai, l'autorité de Cuvier, qui pense y reconnaître réellement un *Gobius*[1]. Il n'y a rien à formuler ni pour ni contre cette opinion; le caractère principal manque complètement sur une des figures originales et, par suite, on ne peut avoir aucun éclaircissement à cet égard. Du second des Poissons cités, c'est-à-dire de l'Amore Pixuma, il existe à la vérité (*I. M.*, I, p. 59[2]) un dessin d'après lequel indubitablement a été faite la mauvaise gravure sur bois; mais, malgré le soin avec lequel il a été exécuté, on peut difficilement en tirer quelque chose de certain pour la détermination du genre. Ce dessin représente un Poisson d'environ 8 pouces (217^{mm}) de long, ayant la tête aplatie, arrondie en avant, les yeux écartés l'un de l'autre, brillants, avec deux nageoires dorsales partout d'égale hauteur, et celles-ci, comme d'ailleurs toutes les autres nageoires, peu satisfaisantes dans leurs rapports, ainsi que le montre la gravure sur bois; sous les orifices branchiaux, sont indiquées deux nageoires ventrales en filaments; je ne me risque pas de décider ce que signifient ces rayons divisés, figurés assez grossièrement ou, si l'on veut, d'une façon très primitive; en tous cas, la double nageoire dorsale interdit de penser à un *Blennius*. La partie supérieure du Poisson est noire, la partie tout à fait ventrale blanche, à l'exception des nageoires. À côté est écrit : Amorecima. Le Tamaota, auquel, dans le texte, Marcgraff compare son Poisson comme taille et comme aspect, est le *Cataphractus callichthys*, dont l'aspect général et, à dire vrai, l'apparence de Poisson sans écailles ou faiblement écailleux n'est pas sans justifier le rapprochement. Aussi cette figure n'est-elle pas une représentation fautive d'un *Pimelodus,* en regardant ces filaments pour des barbillons incorrectement placés? C'est une conjecture que je risque au petit bonheur, faute de trouver mieux. De l'Amore Tinga, il n'y a absolument rien à dire, tous les moyens d'étude faisant défaut[3]. »

---

[1] Cette partie du travail de Lichtenstein datant en réalité de 1821, il s'agit de la première édition du *Règne animal* (1817): dans la seconde (1829), l'*Amore Guacu* et l'*Amore Pixuma* sont réunis plus formellement dans les *Eleotris*.

[2] — Menzel désigne par *L. P.* (*Liber Principis*) la petite collection des dessins qu'il avait sous les yeux comme point de comparaison et qu'il cite toujours soigneusement. Je désigne par *I. M.* (*Icones Menzelii*) la grande collection des peintures à l'huile» (Lichtenstein, 1818, p. 211, note). — Voir aussi les détails historiques donnés par Cuvier et Valenciennes (*Histoire des Poissons*, t. I, p. 58 et 59).

[3] Lichtenstein, 1829, *loc. cit.*, p. 63. Le travail est, dans le texte, daté du 10 août 1826.

Lichtenstein, on le voit, fait preuve d'une grande réserve. Doit-on s'en tenir là? Ne pourrait-on pas, au moins en ce qui concerne l'*Amore Guacu*, arriver à une détermination spécifique précise? C'est ce que n'ont pas cru des zoologistes des plus autorisés, Cuvier et Valenciennes d'une part, M. Günther d'autre part. Les premiers (1837, t. XII, p. 222), tout en le rapprochant de leur *Eleotris gyrinus*, font des restrictions tellement formelles, qu'ils se demandent si le terme : «jointes» (*junctas*), appliqué aux ventrales, ne conduirait pas plutôt à ranger ce Poisson parmi les *Gobius*. Le second, s'il place dans la synonymie de ce même *Eleotris gyrinus* le *Gobius Pisonis*, Linné-Gmelin (*Eleotris Pisonis*, Bloch-Schneider), fait précéder ces noms d'un point d'interrogation significatif. C'est cette dernière manière de voir qu'avaient adoptée MM. Jordan et Gilbert (1882, p. 631), en prenant il est vrai, mais à tort, Gronovius, comme auteur du genre *Eleotris*, tout en regardant comme type l'*E. gyrinus*, Cuvier et Valenciennes. Toutefois, dans leur très récent travail, MM. Jordan et Evermann n'hésitent plus à rapporter le genre *Eleotris* à Bloch-Schneider, en y décrivant au long un *Eleotris Pisonis*, Gmelin, dans la synonymie duquel est placé l'*Eleotris gyrinus*, Cuvier et Valenciennes.

Il est bon de revenir ici sur la valeur qu'on peut donner à ces figures de Pison et Marcgraff. Dans le *Systema Naturæ* de Linné-Gmelin, sans tenir compte de la phrase caractéristique qui s'y trouve, laquelle est tout à fait insuffisante, la seule indication positive est le renvoi à l'ouvrage de Pison et Marcgraff, auquel la citation de Ray Wilbughby n'ajoute rien. Or il indique comme référence l'*Amore Pixuma*, Poisson, on vient de le voir, absolument indéterminable, la figure qui le réprésente étant des plus défectueuses et d'ailleurs simplement une copie réduite empruntée au *Liber Mentzelii*, où l'espèce est intitulée *Amorecima*. Quelle raison peut-on invoquer pour faire cet *Amore Pixuma* synonyme de l'*Eleotris gyrinus*, tel qu'il est décrit et figuré par Cuvier et Valenciennes?

Ces derniers auteurs, avec beaucoup plus de logique, semble-t-il, pensent, on l'a vu, que s'il y a une assimilation à faire, ce serait avec l'*Amore Guacu*, comme il a été dit plus haut, lequel n'est cité ni par Gronovius, ni par Linné-Gmelin.

En se plaçant au point de vue de la répartition géographique, et n'ayant égard ici qu'aux espèces d'*Eleotris* du Nouveau Monde, elles n'étaient signalées, jusqu'à ces derniers temps, peut-on dire, que des régions intertropicales au nord de l'Équateur. Dans le catalogue de M. Günther, sur les 49 espèces énumérées dans ce genre, nous en relevons 9 américaines, parmi lesquelles 3 seulement : *Eleotris maculata*, Bloch, *E. gyrinus*, Cuvier et Valenciennes, *E. guavina*, Cuvier et Valenciennes, sont indiquées comme descendant jusqu'à la Guyane; la première est en outre signalée de la République de l'Équateur; en somme, aucune espèce ne paraissait avoir été signalée du Brésil et spécialement des régions explorées par Pison et Marcgraff, c'est-à-dire le Pernambuco, du 5° au 10° de latitude Sud environ. À partir de 1861, année de la publication de ce catalogue classique, je relève 11 espèces signalées comme nouvelles et qui, en les énumérant par grandes régions, seraient : de l'Amérique centrale sur l'Océan Pacifique : *Eleotris seminudus*, Günther; *E. pictus*, Kner et Steindachner; *E. æqui-dens*, Jordan et Gilbert; de cette même région sur le versant Atlantique : *E. lon-gipes*, Günther; *E. belizianus*, Sauvage; *E. abacurus*, Jordan et Gilbert; des Antilles : *E. omocyaneus*, Poey; *E. perniger*, Cope; *E. Maltzani*, Hilgendorf; de la Guyane : *E. amblyopsis*, Cope; de Bahia : *E. perniger*, Cope (déjà cité des Antilles); *E. brasiliensis*, Sauvage.

D'après ces données, c'était plutôt à ces deux dernières espèces qu'il aurait fallu avoir égard pour les rapprochements avec les Poissons vus par Pison et Marcgraff.

Aujourd'hui la question change de face. Les actives recherches des ichtyolo-gistes américains et en particulier les travaux de MM. Eigenmann ont montré que plusieurs *Eleotris*, l'*Eleotris gyrinus* spécialement, ont une extension géo-graphique beaucoup plus grande et descendent jusqu'au tropique du Capri-corne à Rio de Janeiro.

Il n'y aurait donc pas impossibilité à ce que Pison et Marcgraff eussent vu cette espèce; mais il n'y a aucune certitude que cela soit, ce n'est pas même une pro-babilité, c'est une simple vue hypothétique que rien ne justifie. Il serait donc illogique de s'en prévaloir pour établir une priorité purement arbitraire.

Il faudrait réfléchir au but réel qu'on se propose en indiquant les auteurs à la suite des noms de genre ou d'espèce. Ce ne doit pas être uniquement pour une raison historique ou philologique, mais plutôt et en vue de se renseigner sur les sources auxquelles on peut recourir pour s'éclairer sur la valeur et sur les caractères

spéciaux soit du genre, soit de l'espèce étudiée. Il faut dire que, pratique-
ment, dans la grande majorité des cas, ces choses se confondent et devraient toujours se confondre. En un mot, ce doit être un but d'utilité pour le lecteur,
qui, en se reportant aux auteurs nommés, y trouvera des indications suffi-
santes pour avoir les caractères aussi bien du genre que de l'espèce. Est-ce le cas
ici, en suivant les errements des auteurs modernes? A la suite du nom d'*Eleotris*,
les uns indiquent Gronovius, les autres Bloch-Schneider; cette seconde manière
de faire est sans aucun doute plus conforme aux lois de la nomenclature, car Gronovius, ne se servant pas de la dénomination binaire pour les espèces, ne peut être
admis dans une classification Linnéenne. Mais, on l'a vu, Bloch-Schneider caractérise et compose très mal son genre *Eleotris*, de sorte que celui qui voudrait
s'éclairer en recourant à cet ouvrage serait sans aucun doute dans l'impossibilité d'y parvenir. Il faut arriver au *Règne animal* de Cuvier pour trouver une
définition convenable du genre, définition développée dans la grande *Histoire des
Poissons*. C'est donc à celui-ci que doit être rapportée la création du genre, les
autres auteurs antérieurs ne méritant d'être cités que conditionnellement, pour
donner une énumération complète des ichtyologistes qui ont employé ce nom
générique.

En ce qui concerne la désignation spécifique, c'est encore bien pis, si l'on
prend pour type le *Gobius Pisonis* de Linné-Gmelin. Cette première dénomination
binaire, la chose a été surabondamment exposée plus haut, n'a aucune signification, le renseignement donné ne permettant pas d'y rapporter un spécimen
connu. C'est ce que Bloch-Schneider lui-même n'a pas hésité à faire, étant donnée
la place qu'il lui assigne dans sa classification et les restrictions qu'il y ajoute.

MM. Jordan et Evermann admettent dans ce genre cinq espèces américaines,
quatre sur la côte Est : *Eleotris amblyopsis*, Cope; *E. abacurus*, Jordan et Gilbert;
E. Pisonis, Linné-Gmelin; *E. perniger*, Cope; une sur la côte Ouest : *E. pictus*,
Kner et Steindachner.

Le tableau donné plus haut fait voir que deux espèces seulement se trouvent
dans les collections de la Commission scientifique, l'*Eleotris Pisonis* (j'ai indiqué
pourquoi le nom d'*Eleotris gyrinus*, Cuvier et Valenciennes, me paraît préfé-

rable) et l'*Eleotris abacurus*, qui ne doit pas, suivant moi, être distingué de l'*Eleotris belizianus*, Sauvage, comme en fera juger la description suivante.

ÉLEOTRIS BELIZIANUS.

Eleotris (Culius) belizianus, Sauvage, 1879, *Bull. Soc. Philom. de Paris,* 7ᵉ sér., t. IV, p. 55.
Culius amblyopsis, Jordan et Gilbert, 1882, *Proc. U. S. Nat. Museum*, p. 610 (nec Cope).
Eleotris abacurus, Jordan et Gilbert, 1896, *Proc. Cal. Ac. Sc.*, p. 228.
Eleotris abacurus, Jordan et Evermann, 1898, *Fishes N. Amer.*, t. III, p. 2200.

D. VI-I, 8; A. I, 8.
Écailles: 50/20.

Tête entrant pour 4/11 dans la longueur du corps; la hauteur équivaut à 1/5, l'épaisseur à 2/11, la longueur de la caudale à 1/4 de cette même dimension. Le museau occupe 1/4 de la longueur de la tête, l'œil environ 1/7 et l'intervalle inter-orbitaire équivaut à 1/4 de cette même dimension.

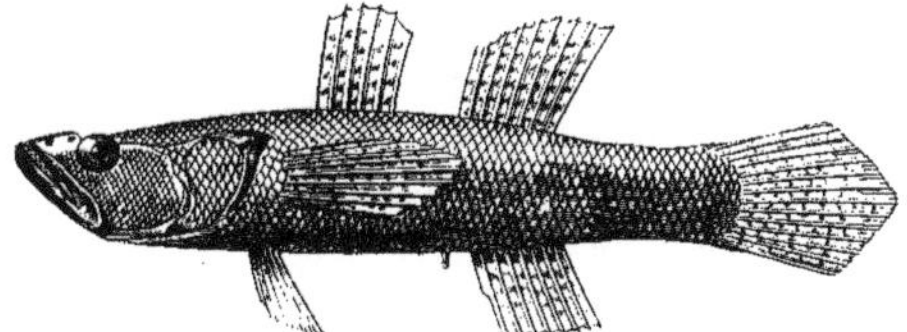

Eleotris belizianus, Sauvage (grandeur naturelle).

Cet *Eleotris* a la forme habituelle des Poissons de ce genre, l'ensemble du corps présentant une sorte de renflement antérieur formé par la tête et le commencement du tronc, en ce point presque cylindrique, la hauteur ayant à très peu près les mêmes dimensions que l'épaisseur, tandis qu'en se rapprochant de l'extrémité caudale, la forme devient plus élevée, l'épaisseur, à la naissance de l'uroptère, n'étant guère que 1/3 (0,33) de la hauteur. La tête elle-même est grossièrement pyramidale, à quatre pans; mandibule proéminente, dépassant sensiblement la mâchoire supérieure; prolongements articulaires des intermaxillaires saillants; leurs extrémités postérieures forment une sorte de tubérosité, entre laquelle et les yeux existe un espace enfoncé, concave. Dents mandibulaires externes et internes, fixes, plus développées que les intermédiaires, lesquelles sont en velours. Le préopercule offre à son angle postéro-inférieur, cachée sous la peau, une épine très forte recourbée en avant. La joue est entièrement écailleuse, le dessus de la tête également, à partir de la tubérosité des intermaxillaires. Papille anale bien visible.

Le bord postérieur de l'uroptère forme un angle saillant très obtus. Les pleuropes, allongées, atteignent ou même dépassent quelque peu l'origine de l'hypoptère; catopes n'atteignant pas l'anus.

Dans l'état actuel, tout l'animal est d'un brun uniforme; sur d'autres exemplaires (n°s 2216 et 2217), on distingue de grosses taches ou bandes verticales n'atteignant ni la ligne dorsale, ni la ligne ventrale, sombres sur un fond plus clair, plus visibles sur les petits individus de $50 + 10 = 60$ millimètres; ceci pourrait bien être une livrée fondamentale néotésique. Nageoires verticales ornées de lignes noires assez fines, dirigées obliquement, en remontant d'avant en arrière; on en compte jusqu'à sept sur l'épiptère molle, au moins autant sur l'uroptère; sur l'hypoptère, elles sont moins nombreuses, peu visibles à cause de la teinte plus foncée de cette nageoire. Un dessin analogue existe sur les pleuropes, mais les catopes paraissent unicolores.

Il n'y a pas à insister sur la forme des écailles, qui sont du type habituel longuement décrit plus haut, de forme quadrilatérale subpentagonale, le côté postérieur étant légèrement anguleux; la hauteur est quelque peu plus grande que la longueur pour une écaille des flancs, prise au lieu d'élection; sur le champ antérieur, 20 à 22 sillons centrifuges limitent des festons qui occupent toute la longueur du bord radiculaire; les spinules, nombreuses, parfois au moins une centaine, sont disposées de telle sorte, qu'entre deux plus fortes à base élargie, s'en trouve une plus grêle à base moins développée; il y a donc là une disposition qui rappelle les écailles distiques des *Anthias*. Cela est moins net que chez celui-ci et n'a été vu que sur des écailles séchées; on ne peut donc présenter l'observation que sous réserve; elle tend toutefois à confirmer que, chez les Gobioïdes présentant ce type d'écailles, le remplacement des spinules se fait *in situ* et non par une évolution centripète.

	millim.	1/100^e
Longueur du corps	80	//
Hauteur	16	20
Épaisseur	15	19
Longueur de la tête	28	35
Longueur de la nageoire caudale	21	26
Longueur du museau	7	25
Diamètre de l'œil	4	14
Espace interorbitaire	7	25

N° 2528 du Catalogue de la collection du Muséum.

Habitat. — Côtes atlantiques de l'Amérique, depuis le Mexique, et probablement plus haut, jusqu'à la Guyane.

On a vu sur le tableau donné précédemment[1] les localités d'où proviennent

[1] Voir page 251.

les exemplaires de l'*Eleotris abacurus* qui font partie des collections de la Commission scientifique.

Cet *Eleotris belizianus* est un de ceux qui présentent ce caractère, sur lequel il a été insisté plus haut, que les prolongements supéro-postérieurs des intermaxillaires, lors de la fermeture de la bouche et rentrés dans leurs gaines conductrices, forment sur le museau une saillie par leurs extrémités postérieures; il en résulte qu'entre cette saillie et l'orbite se trouve un espace transversalement déprimé, particulièrement bien visible en regardant l'animal de profil, suivant la remarque de M. Cope, qui le premier, je crois, a fixé l'attention sur ce caractère à propos de son *Eleotris amblyopsis*. Une troisième espèce, l'*Eleotris abacurus*, Jordan et Gilbert, se rapproche sous ce rapport des deux précédentes, ce qui permettrait de les réunir en un petit groupe, distinct en cela d'espèces voisines, comme l'*Eleotris gyrinus*, chez lesquelles cette dépression intermaxillo-oculaire n'est pas sensible.

MM. Jordan et Evermann distinguent sur leur tableau synoptique l'*Eleotris amblyopsis* de l'*E. abacurus*, en ce que chez le premier l'œil fait 1/5 ou 1/6 de la longueur de la tête et que la formule des écailles serait 40 à 44/14, tandis que chez le second l'œil serait plus petit 1/8 et le compte des écailles donnerait la formule 51/20. C'est donc de cette dernière espèce que se rapprocherait l'*Eleotris belizianus*, et elles me paraissent même devoir être confondues sous cette dernière dénomination qui a l'antériorité.

L'examen des types ne permet pas de réunir l'*Eleotris belizianus*, Sauvage. à l'*Eleotris Pisonis*, Gmelin (*E. gyrinus*, Cuvier et Valenciennes), comme le proposent MM .Jordan et Evermann.

Genre SICYDIUM, Cuvier et Valenciennes.

Gobiidés à corps cylindrique sur la plus grande partie de son étendue. Bouche ordinairement en fer à cheval, infère, subantérieure, la mâchoire supérieure dépassant quelque peu la mandibule. Typiquement, dents à la mâchoire supérieure très petites, simples, unisériées, insérées sur la gencive, mobiles; à la mâchoire inférieure, bisériées, la rangée externe extra-bucale assez semblable comme disposition, c'est-à-dire insérées sur le tégument et mobiles, mais encore plus fines, sétacées, la rangée interne composée de dents fortes, égales, à pointe disposée à angle droit sur la base, formant un crochet dirigé en arrière, peu nombreuses; dans certaines espèces non américaines, les dents supérieures, au lieu d'être simples, sont dilatées et bilobées à leur extrémité (*Cotylopus*, Guichenot); les dents inférieures, au lieu d'être égales, présentent à la symphyse deux dents plus

développées en canines. Écailles cténoïdes. Deux dorsales, non unies à la caudale, la première avec six épines. Ventrales réunies en un disque épais, adhé-
rent sur la plus grande partie de son étendue.

Le type du genre *Sicydium* créé par Cuvier et Valenciennes étant incontestablement le *Sicydium Plumieri*, Bloch, les caractères tirés de la dentition comme nor-
maux sont donnés dans cette diagnose d'après cette espèce; mais il est certain que
les différences signalées plus haut paraissent justifier des distinctions génériques.
Cette discussion ne serait pas ici à sa place, toutes les espèces américaines se
rapprochant sous ce rapport du type qui vient d'être indiqué.

Si l'on n'a égard qu'aux espèces d'Amérique, elles sont peu nombreuses.
Pendant longtemps on n'a connu que le *Sicydium Plumieri*, Bloch; sur les
treize espèces énumérées dans le groupe pris dans toute son extension, c'est
la seule qui soit citée par M. Günther en 1861. En 1884, M. Ogilvie Grant[1],
dans une revision très complète du genre, où le nombre des espèces se trouve
porté à 24, bien qu'on n'y voie plus figurer les *Sicydium zosterophorum*, Bleeker,
et *S. balinense,* Bleeker, qu'y comprenait M. Günther, a fait connaître le
S. Antillarum, trouvé à la Barbade. En 1896, sous le nom de *Sicydium Vin-
cente*, le même ichtyologiste ajoutait une espèce d'une localité voisine, Kingston,
île Saint-Vincent, des Petites Antilles comme la précédente; la diagnose n'a été
publiée, d'après MM. Eigenmann, qu'un peu plus tard, dans leur grand ouvrage
sur les Poissons de l'Amérique septentrionale et centrale (1898, t. III, p. 2207).

Cette dernière espèce se distinguerait des deux autres par son corps presque
nu, d'après le tableau synoptique des espèces donné par MM. Jordan et Evermann. Malheureusement les détails complémentaires fournis par MM. Eigenmann
n'ajoutent rien d'important à cette diagnose où il n'y a guère que des renseignements sur la coloration. La taille des individus, récoltés par centaines à Kingston.
n'excédait pas 1 pouce 1/4 (31 à 32 millimètres environ). Un individu pris
à Haïti et rapporté à cette même espèce avait 1 pouce 1/2 (35 millimètres); son
corps, à l'exception du ventre, était couvert d'écailles franchement cténoïdes. En
présence de cette insuffisance de documents, et étant données aussi certaines

[1] *Proceed. Zool. Soc. London*, 1884, p. 152-172.

contradictions, il est prudent d'attendre des études complémentaires avant d'admettre cette espèce comme légitime : ce pourrait bien être l'état jeune d'un **autre** *Sicydium* ou même d'une espèce appartenant à quelque genre voisin.

Les exemplaires de la collection de la Commission scientifique du **Mexique** se rapportent à deux espèces, voisines d'ailleurs et qui avaient été confondues dans nos premières recherches[1]; aussi me contenterai-je d'en présenter une brève étude comparative et différentielle.

SICYDIUM PLUMIERI, Bloch.

(Pl. X *bis*, fig. 3, 3*b*, 3*c*, 3*d*, 3*e*, 3*f*, 3*g*.)

Gobius Plumieri, Bloch, 1787, V^e part., p. 125; pl. CLXXVIII, fig. 3.
Sicydium Plumieri, Cuvier et Valenciennes, 1837, t. XII, p. 168.
Sicydium Plumieri, Jordan et Evermann, 1898, p. 2206.

SICYDIUM ANTILLARUM, Ogilvie Grant.

(Pl. X *bis*, fig. 3*a*[2].)

Sicydium Antillarum, Ogilvie Grant, 1884, p. 157; pl. XII, fig. 3.
Sicydium Antillarum, Jordan et Evermann, 1898, t. III, p. 2206.

Pour comparer ces deux espèces, il me paraît plus simple de reproduire en tableau les diagnoses données par MM. Jordan et Evermann, dans l'ouvrage cité, lesquelles diagnoses s'inspirent de celles dues à M. Ogilvie Grant en 1884. L'ordre des caractères est seulement interverti dans certains cas et les fractions des dimensions modifiées, pour se conformer à la méthode usitée dans le présent travail. Les fractions décimales entre parenthèses sont également ajoutées.

	SICYDIUM PLUMIERI.	SICYDIUM ANTILLARUM.
Formule des épiptères et de l'hypoptère.	D. VI-I, 10; A. I, 10.	D. VI-I, 10; A. I, 10.
Écailles de la ligne latérale.........	84.	68.
Hauteur du corps...............	2/9 (0,22) de la longueur.	1/6 (0,17) de la longueur.
Tête.......................	1/4 (0,25) à 5/23 (0,22) de la longueur du corps.	5/23 (0,22) de la longueur du corps.
	"	Sa largeur 2/3 (0,65) de sa longueur.

[1] Cette confusion subsiste dans l'explication de la planche X *bis*, où la figure 3*a* doit prendre le nom de *Sicydium Antillarum*, Ogilvie-Grant.

[2] Sous le nom de *Sicydium Plumieri*, variété tachetée.

	SICYDIUM PLUMIERI.	SICYDIUM ANTILLARUM.
Maxillaires......................	"	N'atteignant pas la verticale du bord postérieur de l'œil ;
	"	Unis à angle droit l'un par rapport à l'autre.
Lèvre supérieure................	Avec une fente médiane.	Avec une légère fente médiane.
Gencives......................	Avec une rangée unique de papilles peu visibles, sur la lèvre supérieure.	Avec une rangée de petites papilles transverses, lamelliformes, sous la lèvre supérieure.
	Une grosse papille médiane sous la suture maxillaire.	Une plus grosse papille lamelleuse médiane sur la suture maxillaire.
Dents maxillaires supérieures.......	Longues, grêles, courbées en arrière à angle droit, les pointes[1] sortant seules des gencives.	Longues, grêles, courbées en arrière sur la gencive à angle droit.
Dents mandibulaires antérieures.....	Pas plus grandes que les postérieures.	
Dents horizontales mandibulaires....	"	Bien visibles.
Œil.........................	Occupant 1/6 (0,17) à 1/7 (0,14) de la longueur de la tête.	Occupant 2/13 (0,15) de la longueur de la tête.
	Égalant 1/2 (0,50) à 1/3 (0,33) de l'espace interorbitaire.	Égalant 1/2 (0,50) de l'espace interorbitaire.
Écaillure......................	Corps habituellement couvert de petites écailles, de dimensions réduites sur le cou et le ventre; souvent presque nu, les écailles n'existant que sur la partie postérieure du corps.	Sur le corps et la queue, écailles subégales et plus grandes que celles du cou et du ventre.
Épines III, IV et V de l'épiptère antérieure.	Prolongées en longs rubans, la IVe, qui est la plus longue, ayant 2 à 3 fois la hauteur du corps[2].	Prolongées en longs rubans étroits, la IVe, qui est la plus longue, ayant presque 3 fois la hauteur du corps.
Épiptère postérieure	"	Considérablement plus haute que le corps.
Pleuropes....................	Plus longues que la tête.	·Plus longues que la tête.
Coloration : Corps.	Brun olive ou violet, avec environ sept barres verticales noires plus ou moins distinctes; une barre noire à la base de la pleurope.	D'un brun violet uniforme.

[1] Le texte de MM. Jordan et Evermann a *lips* (lèvres), au lieu de *tips* (pointes), simple erreur typographique.

[2] Le texte renferme un caractère qui devrait ici prendre place : «Caudal deeply emarginate»; mais c'est très vraisemblablement une erreur. Dans toutes les espèces connues de *Sicydium*, l'uroptère est convexe, d'ordinaire fortement (*S. Plumieri*), par exception médiocrement (*S. brevifile*, Grant; *S. Salvini*, Grant).

	SICYDIUM PLUMIERI.	SICYDIUM ANTILLARUM.
Coloration : Épiptère...............	Irrégulièrement tachetée de noir.	Avec des taches noires irrégulièrement ondulées.
Hypoptère..............	Avec une bande marginale noire, quelquefois bordée de blanc.	Avec une bande marginale noire et blanche.
Uroptère.	Avec une figure en forme d'H à la base et une barre noire sur sa moitié postérieure.	Avec une bande noire à son bord supérieur.
Habitat......................	Eaux douces des Antilles.	Un exemplaire de 121 millimètres (4 pouces 3/4), de la Barbade.

Comme on peut en juger d'après ce tableau, nombre des caractères sont communs aux deux espèces et ne permettent pas de les différencier. Parmi les autres, il peut y avoir doute pour quelques-uns qui ne sont pas donnés comparativement, tels que la largeur de la tête, la longueur des maxillaires, l'écartement de ceux-ci, la longueur des dents mandibulaires antérieures, la saillie des dents horizontales mandibulaires, la hauteur de l'épiptère postérieure.

Les descriptions très méthodiques données par M. Ogilvie Grant peuvent, dans certains cas, venir en aide et sont d'autant plus à considérer qu'il est l'auteur de la seconde espèce, le *Sicydium Antillarum*; il est même le seul jusqu'ici à avoir pu examiner l'unique exemplaire connu. Pour ne parler que de deux de ces caractères, il dit expressément, en parlant du *Sicydium Plumieri*, que les maxillaires sont réunis à angle obtus et que les extrémités des dents horizontales mandibulaires sont seules visibles.

Enfin deux caractères restent nettement donnés comme différentiels : le nombre des écailles de la ligne latérale et la différence dans la hauteur du corps comparée à sa longueur. Encore, sur ce dernier point, faut-il remarquer que, d'après les chiffres indiqués, cette différence est minime : 1/18 (0,05 à 0,06), et par conséquent d'une appréciation difficile.

C'est donc surtout d'après la formule de la ligne latérale, d'après la saillie différente des dents horizontales mandibulaires, d'après l'angle d'union des maxillaires, que nous croyons pouvoir établir cette distinction parmi les individus faisant partie des collections de la Mission scientifique; sauf le premier, on ne peut disconvenir qu'ils n'ont qu'une médiocre valeur.

Quant à la coloration, les figures 3 et 3ᵃ de la planche X *bis* reproduisent très exactement les maquettes coloriées de Bocourt et ne sont guère conformes aux indications ci-dessus citées. Mais, dans un groupe si voisin des *Gobius*, chez lesquels, à l'état de vie, les changements de coloration, sur un même individu donné, sont, on le sait, des plus considérables, cela ne peut être regardé comme bien important au point de vue de la différenciation spécifique.

Pour achever de faire connaître nos exemplaires, on trouvera ci-après le tableau des dimensions des individus pris comme types :

Sicydium Plumieri, Bloch.

D. VI-I, 10 : A. I. 10.
Écailles : 87/30.

	millim.	1 000ᵉ
Longueur du corps	126	"
Hauteur	22	17
Épaisseur	22	17
Longueur de la tête	27	21
Longueur de la nageoire caudale	35	28
Longueur du museau	13	48
Diamètre de l'œil	4	15
Espace interorbitaire	8	30

N° 94·363. — Martinique (Baromet, 1865).

Sicydium Antillarum, O. Grant.

D. VI-I, 10 : A. I. 10.
Écailles : 64/31.

	millim.	1 000ᵉ
Longueur du corps	114	"
Hauteur	20	17
Épaisseur	16	14
Longueur de la tête	21	18
Longueur de la nageoire caudale	26	23
Longueur du museau	8	38
Diamètre de l'œil	3·	14
Espace interorbitaire	8	38

N° A. 973a. — Martinique (Bélanger, 1869).

POISSONS.

PLANCHE I.

ACANTHOPTÉRYGIENS.

Fig. 1 . . . . *Centropomus affinis* (Steindachner), de grandeur naturelle.
Fig. 1 *a* . . . . . . Tête du même, vue en dessus.
Fig. 1 *b* . . . . . . Coupe verticale du même.
Fig. 1 *c* . . . . . . Écaille des flancs, prise au-dessous de la ligne latérale,
Fig. 2 . . . . *Centropomus mexicanus* (Nobis), de grandeur naturelle.
Fig. 2 *a* . . . . . . Tête du même, vue en dessus.
Fig. 2 *b* . . . . . . Coupe verticale du même.
Fig. 2 *c* . . . . . . Écaille des flancs, prise au-dessous de la ligne latérale.
Fig. 3 . . . . *Centropomus unionensis* (Nobis), réduit aux 3/4 de la grandeur naturelle.
Fig. 3 *a* . . . . . . Tête du même, vue en dessus.
Fig. 3 *b* . . . . . . Coupe verticale du même.
Fig. 3 *c* . . . . . . Écaille des flancs, prise au-dessous de la ligne latérale.

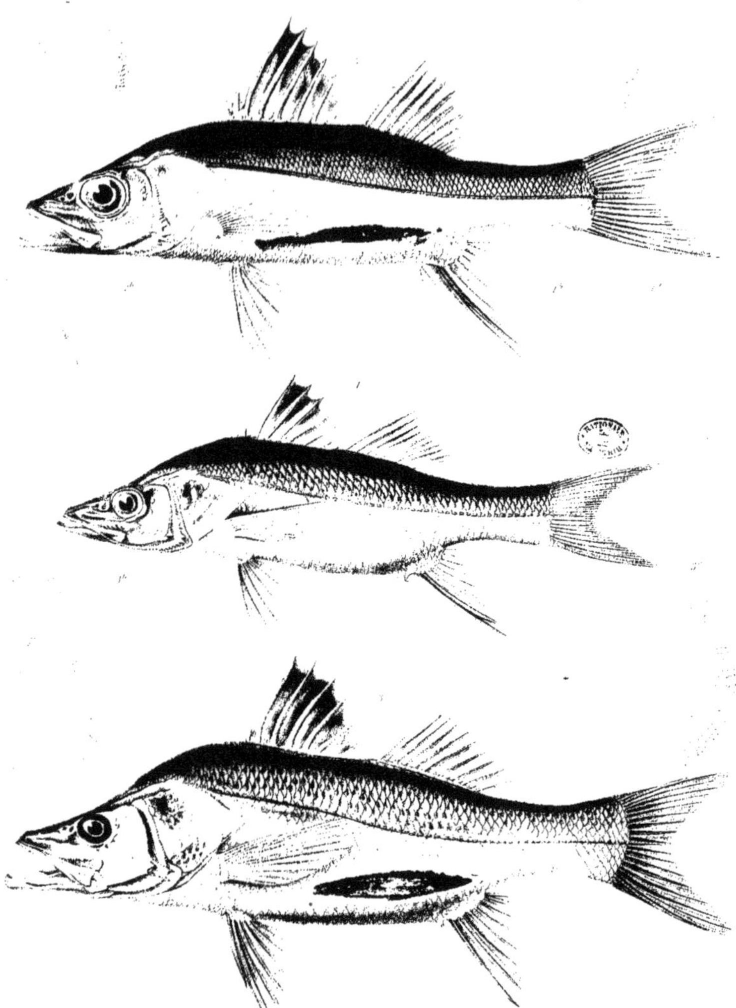

Centropomus

POISSONS.

PLANCHE 1 bis

ACANTHOPTÉRYGIENS

Fig. 1 . . . . . *Centropomus nigrescens* (Günther), réduit aux 3/5
Fig. 1 a . . . . . Écaille des flancs du même: gross. 6 diam.
Fig. 1 b . . . . . Écaille de la région ventrale du même: gross. 6 diam
Fig. 1 c . . . . . Écaille de la ligne latérale du même: gross. 6 diam.
Fig. 2 . . . . . *Centropomus Uniomensis* (Bocourt), écaille de la ligne latérale vue par la face externe: gross. 6 diam.
Fig. 2 a . . . . La même écaille vue par la face interne: gross. 6 diam.

Expéd. scientifique du Mexique

Zoologie. 1ᵉ Partie. Pl. 1

Centropomes.

Maréchal ad nat. del.

Imp. Becquet à Paris

PLANCHE 1ᵗᵉʳ.

ACANTHOPTÉRYGIENS.

Fig. 1 . . . . *Centropomus Cuvieri* (Bocourt), réduit aux 9/10.
Fig. 1 a . . . . Écaille des flancs du même: gross. 6 diam.
Fig. 1 b . . . . Écaille de la région ventrale du même: gross. 6 diam.
Fig. 1 c . . . . Écaille de la ligne latérale du même: gross. 6 diam.
Fig. 2 . . . . *Centropomus armatus* (Gill), grandeur naturelle.
Fig. 3 . . . . *Serranus maculato-fasciatus* (Steindachner), écaille de la ligne latérale vue
        par la face externe: gross. 10 diam.
Fig. 3 a . . . . La même écaille vue par la face interne: gross. 10 diam.
Fig. 4 . . . . *Serranus Itaiara* (Lichtenstein), écaille de la ligne latérale: gross. 6 diam.
Fig. 5 . . . . *Serranus capreolus* (Poey), écaille de la ligne latérale: gross. 10 diam.

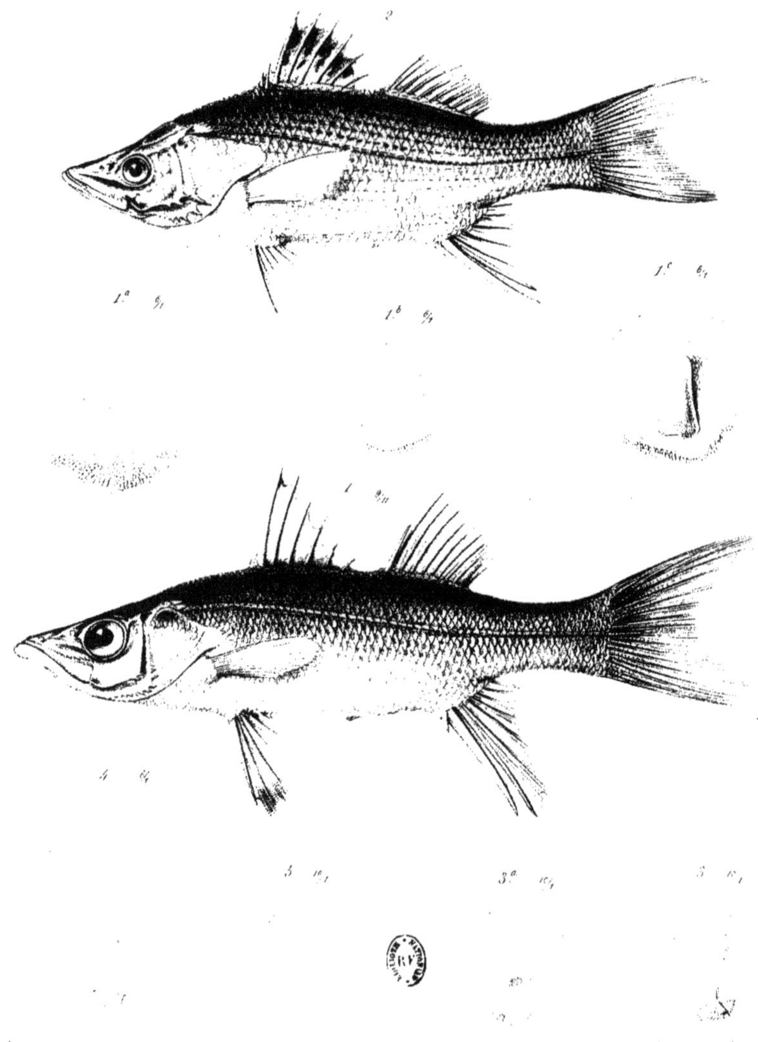

Centropomes.

POISSONS.

PLANCHE II.

ACANTHOPTÉRYGIENS.

Fig. 1   *Centropomus undecimalis* (Bloch), tête vue de profil, de grandeur naturelle.
Fig. 2   *Centropomus Curieri* (Bocourt), tête vue de profil, de grandeur naturelle.
Fig. 3   *Serranus Courtadei* (Bocourt), réduit aux 2/3.
Fig. 3 a.   Écaille des flancs du même: gross. 6 diam.
Fig. 4   *Serranus Itaiara* (Lichtenstein), réduit aux 4/9.
Fig. 4 a.   Écaille des flancs du même: gross. 6 diam.

Loup acoustique du Mexique
Brevet pinx
Centropomes Serrans

POISSONS.

PLANCHE III.

ACANTHOPTÉRYGIENS.

Fig. 1 . . . . *Serranus capreolus* (Poey), réduit aux 6/7
Fig. 1 a . . . . . . Écaille des flancs du même, gross. 6 diam.
Fig. 1 b . . . . . . Écaille des flancs du même, prise dans le voisinage de la précédente, pour
            montrer la forme variable du foyer; gross. 6 diam.
Fig. 1 c . . . . . . Tête du même, vue en dessus
Fig. 2 . . . . *Lutjanus pacificus* (Bocourt), réduit aux 2/3
Fig. 2 a . . . . . . Écaille des flancs du même; gross. 3 diam.

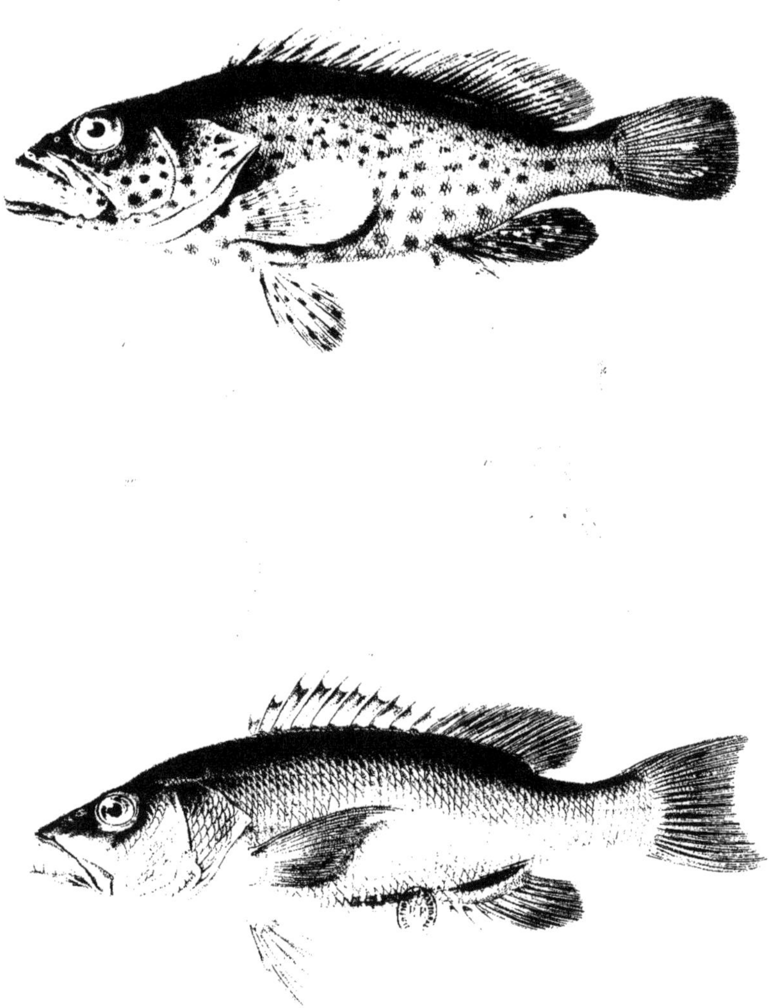

Serranus Mexicanus

POISSONS.

PLANCHE IV.

ACANTHOPTÉRYGIENS.

Fig. 1 . . . . *Serranus maculato-fasciatus* (Steindachner), réduit aux 3/4 de la grandeur naturelle.

Fig. 2 . . . . *Dioplites Treculii* (Nobis), réduit aux 5/8e de la grandeur naturelle.

Fig. 2 a . . . . . . Écaille de la ligne latérale du même, prise au niveau de la portion épineuse de la nageoire dorsale.

Fig. 2 b . . . . Écaille des flancs du même, prise entre la ligne latérale et la nageoire pectorale.

Fig. 3 a . . . . . Écaille de la ligne latérale du *Dioplites salmoïdes* (*Grystes salmoïdes*, Holbrook), prise au niveau de la portion épineuse de la nageoire dorsale.

Fig. 3 b . . . . . . Écaille des flancs du même, prise entre la ligne latérale et la nageoire pectorale.

Fig. 4 a . . . . . . Écaille de la ligne latérale du *Dioplites variabilis* (Lesueur), prise au niveau de la portion épineuse de la nageoire dorsale.

Fig. 4 b . . . . Écaille des flancs du même, prise entre la ligne latérale et la nageoire pectorale.

Fig. 5 a . . . . . . Écaille de la ligne latérale du *Dioplites nuecensis* (Girard), prise au niveau de la portion épineuse de la nageoire dorsale.

Fig. 5 b . . . . Écaille des flancs du même, prise entre la ligne latérale et la nageoire pectorale.

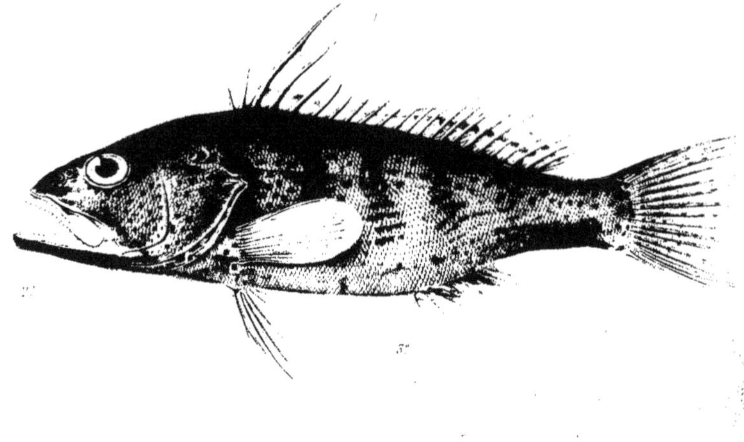

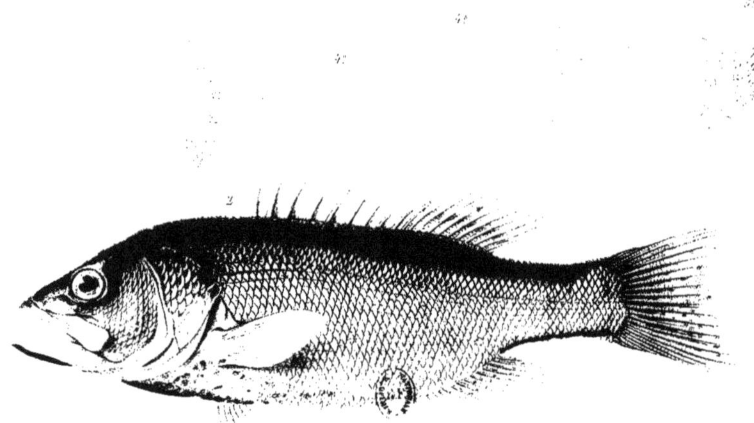

Serranus Diaphales

POISSONS.

PLANCHE V.

ACANTHOPTÉRYGIENS.

Fig. 1 . . . . . . *Centropristis lucioperranus* (Poey), grandeur naturelle.
Fig. 1 *a* . . . . . Écaille des flancs du même; gross. 11 diam.
Fig. 1 *b* . . . . . Écaille de la ligne latérale du même; gross. 11 diam.
Fig. 2 . . . . . . *Plectropoma chlorurum* (Cuv. Val.), grandeur naturelle.
Fig. 2 *a* . . . . . Écaille des flancs du même; gross. 19 diam.
Fig. 2 *b* . . . . . Écaille de la région ventrale du même; gross. 19 diam.
Fig. 2 *c* . . . . . Écaille de la ligne latérale du même; gross. 19 diam.
Fig. 3 . . . . . . *Plectropoma chloropterum* (Cuv. Val.), réduit aux 7/9es.
Fig. 3 *a* . . . . . Écaille des flancs du même; gross. 11 diam.
Fig. 3 *b* . . . . . Écaille de la région ventrale du même; gross. 11 diam.
Fig. 3 *c* . . . . . Écaille de la ligne latérale du même; gross. 11 diam.

Centropristis   Plectropoma

POISSONS.

PLANCHE V *bis.*

ACANTHOPTÉRYGIENS.

Fig. 1 . . . . . . *Lutjanus analis* (Cuv. Val.), réduit aux 4/5.
Fig. 1 *a* . . . . . Face inférieure de la voûte palatine du même, pour montrer la disposition
        des plaques dentaires vomérienne et palatines; grandeur naturelle.
Fig. 1 *b* . . . . . Écaille des flancs du même; gross. 6 diam.
Fig. 1 *c* . . . . . Écaille de la ligne latérale du même; gross. 6 diam.
Fig. 2 . . . . . . *Lutjanus Aubrietii* (Desmarest). réduit aux 4/5.
Fig. 2 *a* . . . . . Face inférieure de la voûte palatine et face supérieure du plancher de la
        bouche du même, pour montrer la disposition des plaques dentaires
        vomérienne. palatines et linguale; grandeur naturelle.
Fig. 2 *b* . . . . . Écaille des flancs du même; gross. 6 diam.
Fig. 2 *c* . . . . . Écaille de la ligne latérale du même; gross. 6 diam.

Lutjanus

POISSONS.

PLANCHE V *ter*.

ACANTHOPTÉRYGIENS.

Fig. 1 . . . . . . *Lutjanus joen* (Bl. Schn.), réduit aux 7 9.

Fig. 1 *a* . . . . . Face inférieure de la voûte palatine et face supérieure du plancher de la bouche du même, pour montrer la disposition des plaques dentaires vomérienne, palatines et linguale; grandeur naturelle.

Fig. 1 *b* . . . . . Écaille des flancs du même; gross. 4 diam.

Fig. 1 *c* . . . . . Écaille de la ligne latérale du même; gross. 4 diam.

Fig. 2 . . . . . . *Lutjanus chrysurus* (Bloch), réduit aux 5 7.

Fig. 2 *a* . . . . . Face inférieure de la voûte palatine et face supérieure du plancher de la bouche du même, pour montrer la disposition des plaques dentaires vomérienne, palatines et linguale, grandeur naturelle. (La plaque linguale est figurée à tort simple et est trop petite.)

Fig. 2 *b* . . . . . Écaille des flancs du même; gross. 6 diam.

Fig. 2 *c* . . . . . Écaille de la ligne latérale du même; gross. 6 diam.

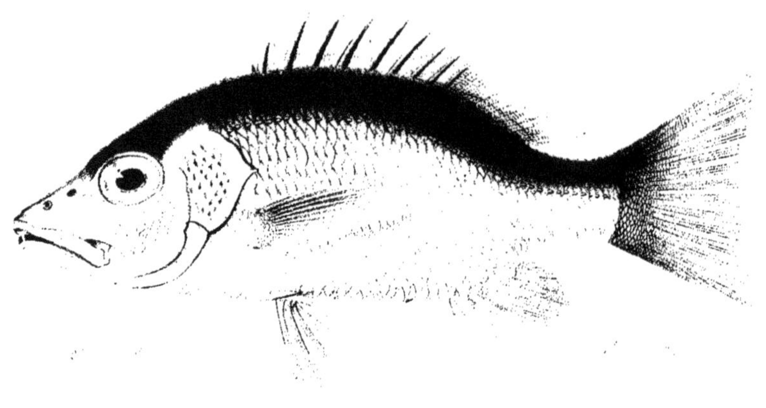

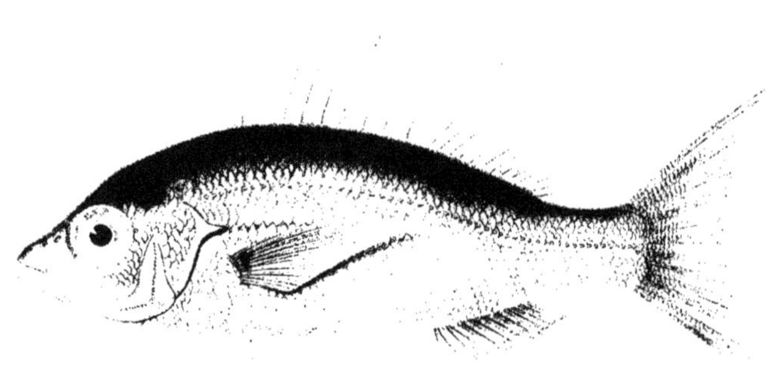

POISSONS.

PLANCHE V *quater.*

ACANTHOPTÉRYGIENS.

Fig. 1 . . . . . . *Holocentrum penteranthum* (Bloch); grandeur naturelle.

Fig. 1 *a* . . . . Tête du même vue par dessus; grandeur naturelle.

Fig. 1 *b* . . . . Écaille des flancs du même; gross. 5 diam.

Fig. 1 *c* . . . . Écaille de la ligne latérale du même; gross. 5 diam.

Fig. 2 . . . . . . *Polynemus melanopoma* (Günther), réduit de moitié. (C'est par erreur que la
     planche porte 2 5.)

Fig. 2 *a* . . . . *Polynemus Plumieri* (Lacépède), écaille des flancs; gross. 6 diam.

Fig. 2 *b* . . . . . Écaille de la ligne latérale du même; gross. 6 diam.

POISSONS.

PLANCHE VI.

ACANTHOPTÉRYGIENS.

Fig. 1 . . . . . . *Otolithus jamaicensis* (Nobis), réduit aux 5/7es de la grandeur naturelle.

Fig. 1 *a* . . . . . Écaille du même, prise entre la première dorsale et la ligne latérale.

Fig. 1 *b* . . . . . Écaille du même, prise sur les flancs, au-dessus de la nageoire pectorale.

Fig. 1 *c* . . . . . Écaille du même, prise sur la ligne latérale, au niveau de la même nageoire.

Fig. 1 *d* . . . . . Écaille du même, prise sur la ligne latérale, au niveau de l'anus.

Fig. 2 . . . . . . *Bairdiella fulgens* (Nobis), de grandeur naturelle.

Fig. 2 *a* . . . . . Écaille du même, prise entre la première dorsale et la ligne latérale.

Fig. 2 *b* . . . . . Écaille du même, prise sur les flancs.

Fig. 2 *c* . . . . . Écaille du même, prise sur la ligne latérale, au niveau de la nageoire pectorale.

Fig. 2 *d* . . . . . Écaille du même, prise sur la ligne latérale, au niveau de l'anus.

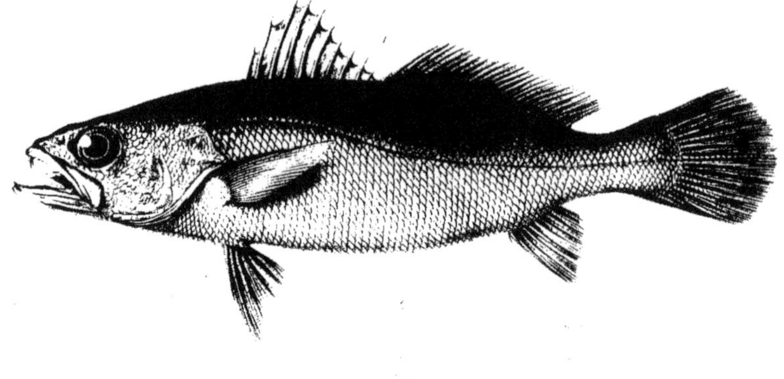

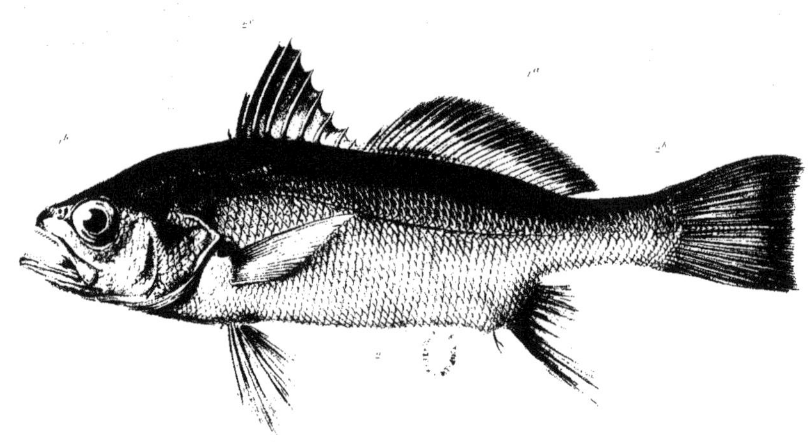

F. Bocourt pinx.

Otolithus.   Bairdiella.

POISSONS.

PLANCHE VII.

ACANTHOPTÉRYGIENS.

Fig. 1 . . . . *Hæmulon elegans* (Bloch), réduit aux 3/4.
Fig. 2 . . . . . . Le même, variété à caudale unicolore, réduit aux 2/3.
Fig. 2 a . . . . . Tête du même, la bouche ouverte, pour montrer la disposition des dents
                  canines et la projection des mâchoires; grandeur naturelle.
Fig. 2 b . . . . . Écaille des flancs du même; gross. 5 diam.
Fig. 2 c . . . . . Écaille de la ligne latérale du même; gross. 5 diam.

POISSONS.

PLANCHE VIII.

ACANTHOPTÉRYGIENS.

Fig. 1 . . . . *Paralonchurus Petersii* (Nobis), réduit aux 2/3 de la grandeur naturelle.

Fig. 1 *a* . . . . . Écaille du même, prise au-dessous de la portion épineuse de la nageoire dorsale.

Fig. 1 *b* . . . . . Écaille du même, prise entre la ligne latérale et la nageoire pectorale.

Fig. 1 *c* . . . . . Écaille du même, prise sur la ligne latérale et recouverte de petites écailles de même structure.

Fig. 1 *d* . . . . . La même, dépouillée des écailles qui la recouvraient.

Fig. 1 *e* . . . . . Museau du même, vu en dessous, montrant le barbillon multifide de la symphyse et les barbillons des branches de la mâchoire inférieure.

Fig. 2 . . . . *Lonchurus barbatus* (Bloch), tête vue de profil et de grandeur naturelle.

Fig. 2 *a* . . . . . Écaille du même, prise au-dessous de la portion épineuse de la nageoire dorsale.

Fig. 2 *b* . . . . . Écaille du même, prise entre la ligne latérale et la nageoire pectorale.

Fig. 2 *c* . . . . . Écaille du même, prise sur la ligne latérale.

Fig. 3 . . . . *Polycirrhus Dumerilii* (Bocourt), réduit aux 3/4 de la grandeur naturelle.

Fig. 3 *a* . . . . . Écaille du même, prise au-dessous de la portion épineuse de la nageoire dorsale.

Fig. 3 *b* . . . . . Écaille du même, prise entre la ligne latérale et la nageoire pectorale.

Fig. 3 *c* . . . . . Écaille du même, prise sur la ligne latérale.

Fig. 3 *d* . . . . . Museau du même, vu en dessous, avec le barbillon multifide de la symphyse développé.

Fig. 3 *e* . . . . . Le même museau, montrant le barbillon de la symphyse couché en arrière, et les petits barbillons des branches de la mâchoire inférieure.

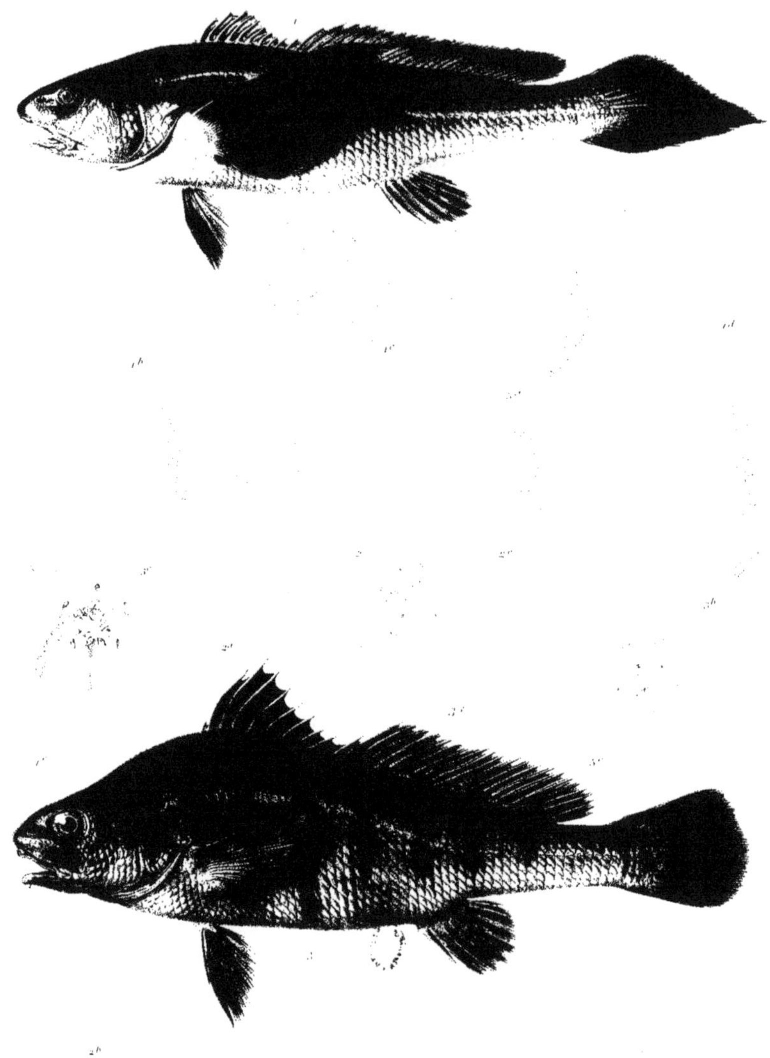

F. Bocourt pinx.

Paralonchurus Polyarchus

POISSONS.

PLANCHE VIII *bis.*

ACANTHOPTÉRYGIENS.

Fig. 1 . . . . . . *Pristipoma macracanthum* (Günther), réduit aux 4/9.

Fig. 2 . . . . . . *Gerres Plumieri* (Cuv. Val.), réduit aux 4/7.

Fig. 2 *a* . . . . . Tête du même, la bouche ouverte, pour montrer la projection des mâchoires : grandeur naturelle.

Fig. 2 *b* . . . . . Écaille des flancs du même ; gross. 4 diam.

Fig. 2 *c* . . . . . Écaille de la ligne latérale du même ; gross. 4 diam.

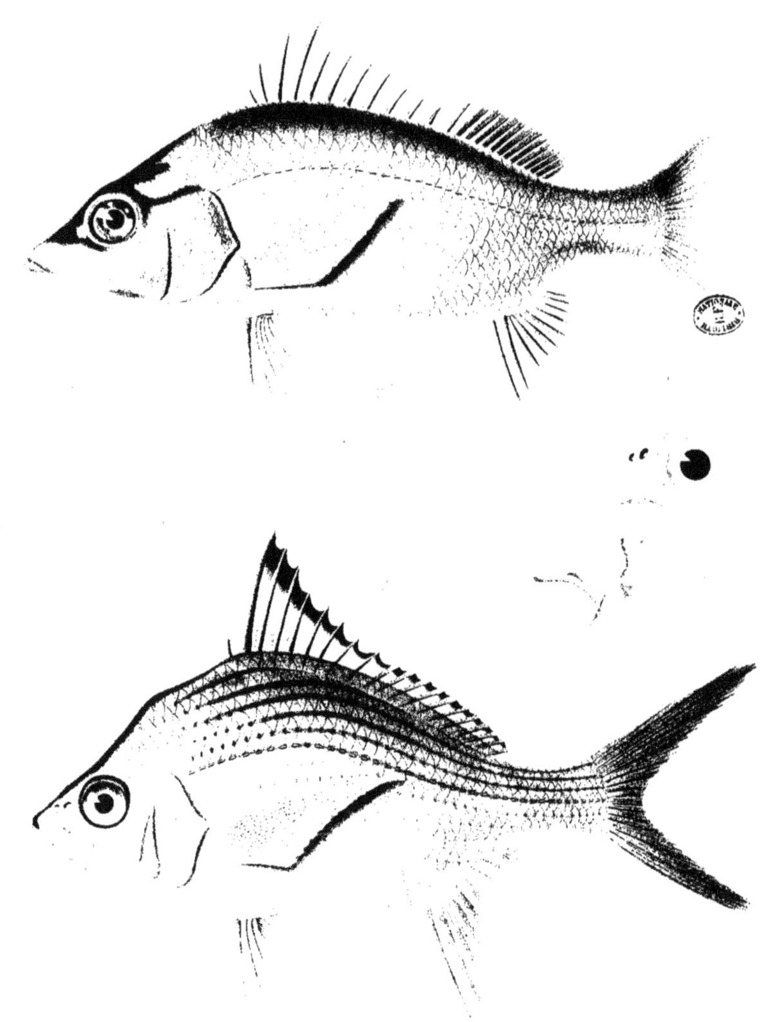

POISSONS.

PLANCHE IX.

ACANTHOPTÉRYGIENS.

Fig. 1 . . . . *Chætodon bimaculatus* (Bloch), grandeur naturelle.

Fig. 2 . . . . *Holacanthus ciliaris* (Linné), réduit aux 2/3.

Fig. 2 *a* . . . . . Portion du revêtement squammeux des flancs du même, pour montrer la
  disposition réciproque des grandes et des petites écailles; gross. 2 diam.

Fig. 2 *b* . . . . . Une grande écaille des flancs du même; gross. 4 diam.

Fig. 2 *c* . . . . . Une petite écaille des flancs du même; gross. 4 diam.

Fig. 2 *d* . . . . . Une écaille de la ligne latérale du même; gross. 4 diam.

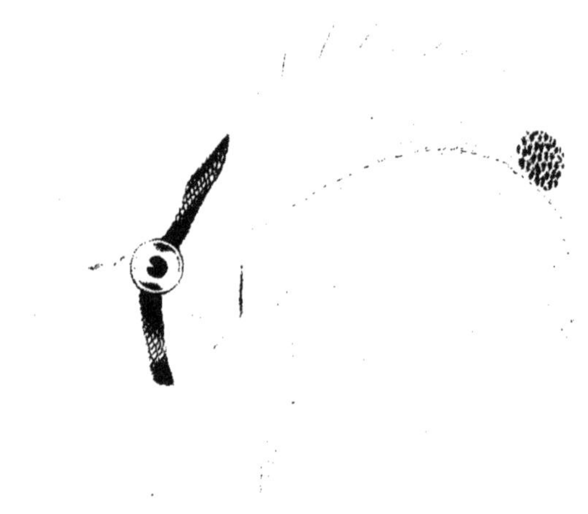

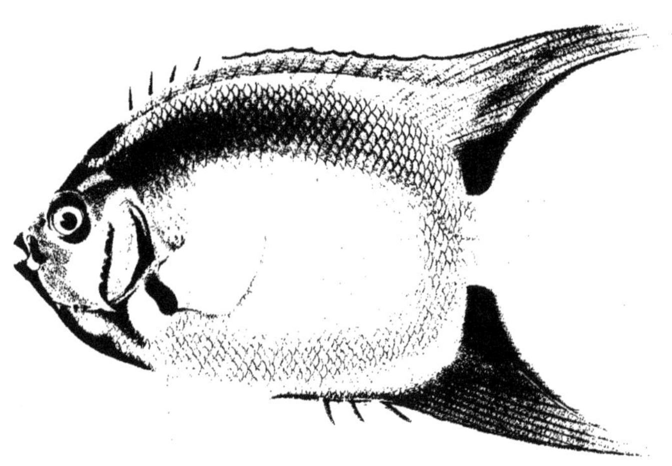

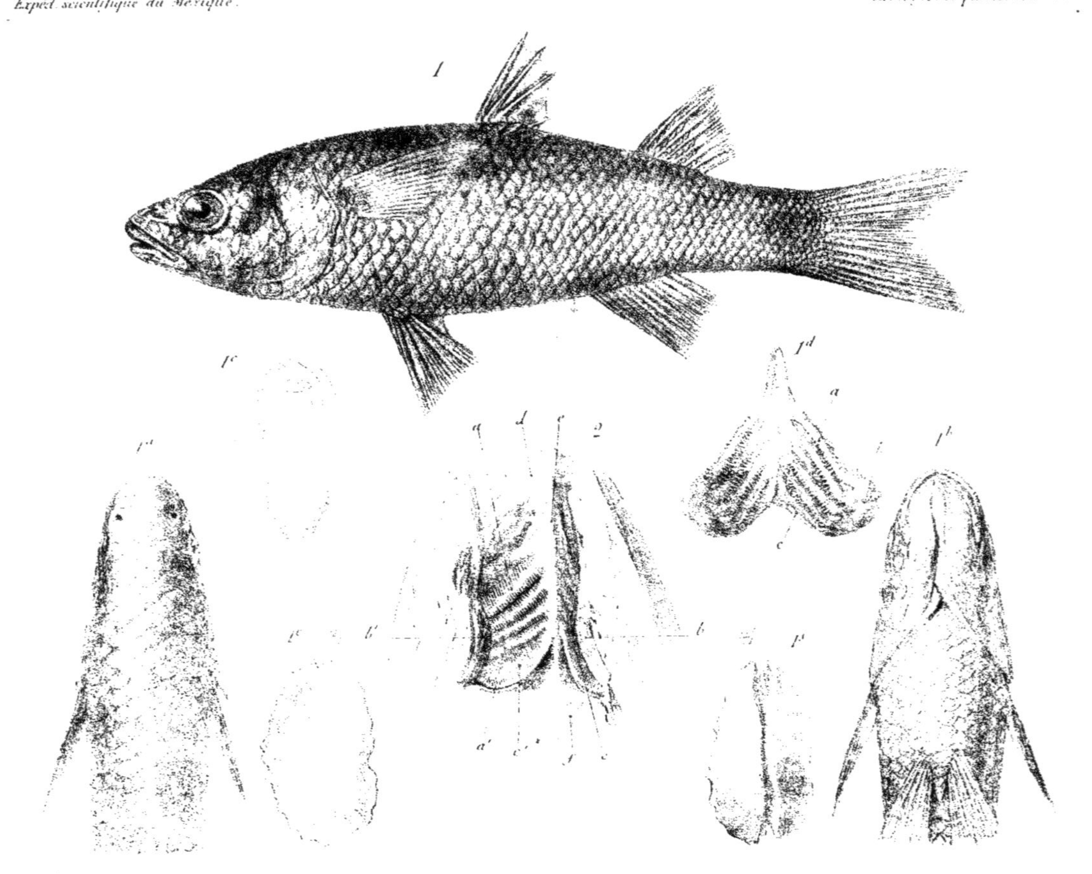

Néomugil. — Mugil.

POISSONS.

PLANCHE X.

ACANTHOPTÉRYGIENS.

Fig. 1 . . . . . . *Mugil liza* (Cuv. Val.), réduit aux 2/5.

Fig. 1 *a* . . . . . Première écaille de la ligne transversale du même : gross. 4 diam.

Fig. 1 *b* . . . . . Cinquième écaille de la ligne transversale du même : gross. 4 diam.

Fig. 1 *c* . . . . . Quinzième écaille de la ligne transversale du même : gross. 4 diam.

Fig. 2 . . . . . . *Mugil brasiliensis* (Agassiz), troisième écaille de la ligne transversale : gross. 4 diam.

Fig. 2 *a* . . . . . Dixième écaille de la ligne transversale du même : gross. 4 diam.

Fig. 2 *b* . . . . . Portion du bord postérieur de cette écaille montrant l'aspect des spinules imparfaitement formées : gross. 15 diam.

Fig. 3 . . . . . . *Agonostoma nasutum* (Günther), réduit aux 7/10.

Fig. 3 *a* . . . . . Troisième écaille de la ligne transversale du même : gross. 4 diam.

Fig. 3 *b* . . . . . Quatorzième écaille de la ligne transversale du même : gross. 4 diam.

Fig. 3 *c* . . . . . Portion du bord postérieur de cette écaille montrant la conformation des spinules : gross. 15 diam.

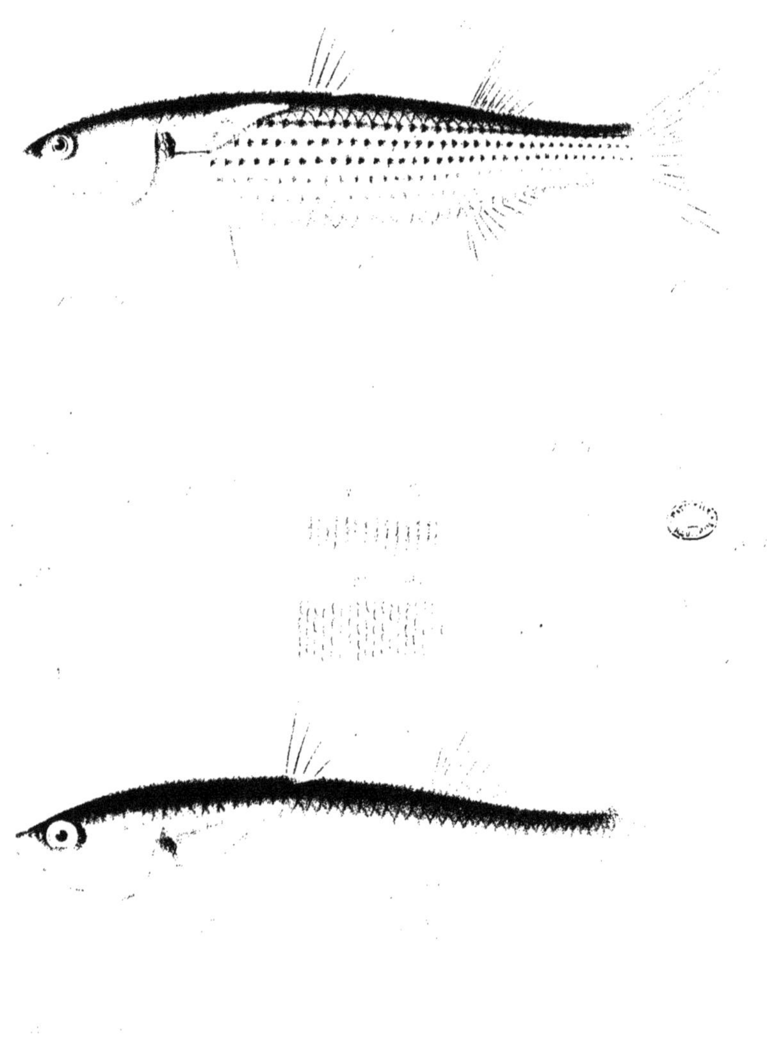

POISSONS.

PLANCHE V*bis*.

ACANTHOPTÉRYGIENS.

Fig. 1 . . . . . . *Clinus nuchipinnis* (Quoy et Gaimard). écaille des flancs: gross. 19 diam.

Fig. 1 *a* . . . . . Écaille de la région ventrale du même: gross. 19 diam.

Fig. 1 *b* . . . . Écaille de la ligne latérale du même: gross. 19 diam.

Fig. 2 . . . . . . *Gobius banana* (Cuv. Val.). écaille de la partie latérale et moyenne du pédoncule caudal: gross. 10 diam.

Fig. 2 *a* . . . . . Écaille de la région ventrale du même: gross. 10 diam.

Fig. 3 . . . . . *Sicydium Plumieri* (Bloch). grandeur naturelle.

Fig. 3 *a* . . . . . Le même, variété tachetée; grandeur naturelle.

Fig. 3 *b* . . . . . Écaille du même prise sur la ligne dorsale au devant de la nageoire épineuse; gross. 10 diam.

Fig. 3 *c* . . . . Écaille prise sur la même rangée transversale. vers le cinquième supérieur de la hauteur; gross. 10 diam.

Fig. 3 *d* . . . . . Écaille prise sur la même rangée transversale. vers les deux cinquièmes de la hauteur: gross. 10 diam.

Fig. 3 *e* . . . . Écaille prise sur la même rangée transversale. vers les trois cinquièmes de la hauteur; gross. 10 diam.

Fig. 3 *f* . . . . Écaille prise sur la même rangée transversale. vers les quatre cinquièmes de la hauteur: gross. 10 diam.

Fig. 3 *g* . . . . . Écaille prise sur la même rangée transversale. à la région ventrale; gross. 10 diam.

Fig. 4 . . . . . . *Eleotris maculata* (Bloch). écaille des flancs: gross. 5 diam.

Fig. 4 *a* . . . . Écaille de la région ventrale du même: gross. 5 diam. (Cette écaille et la précédente ont été prises entre la seconde dorsale et l'anale.)

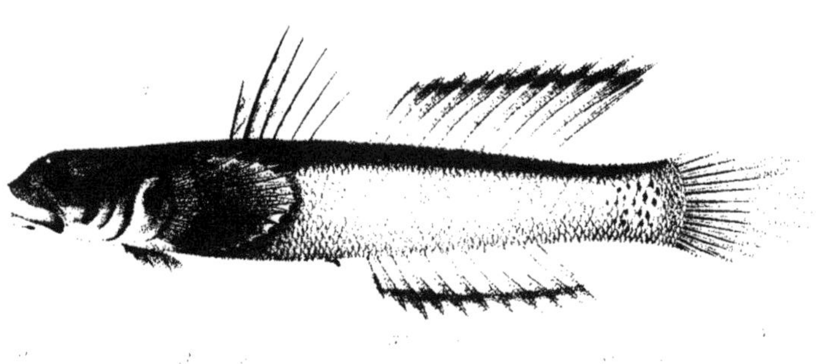

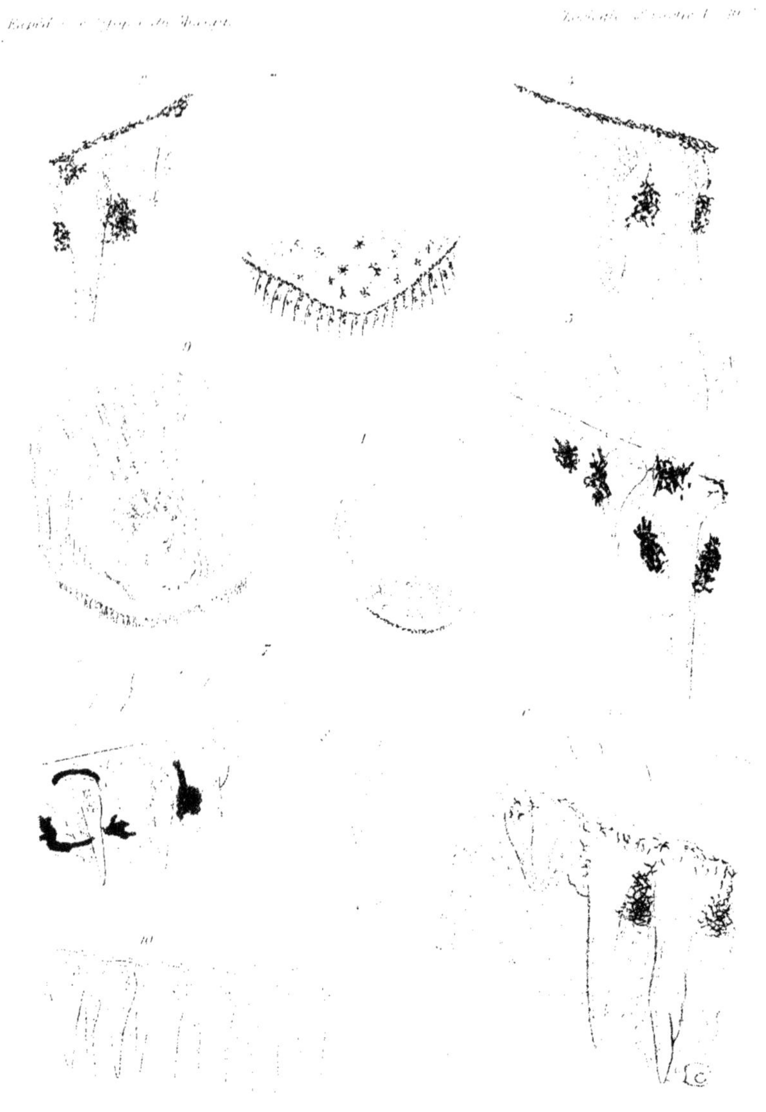

Gobius - Anthias.

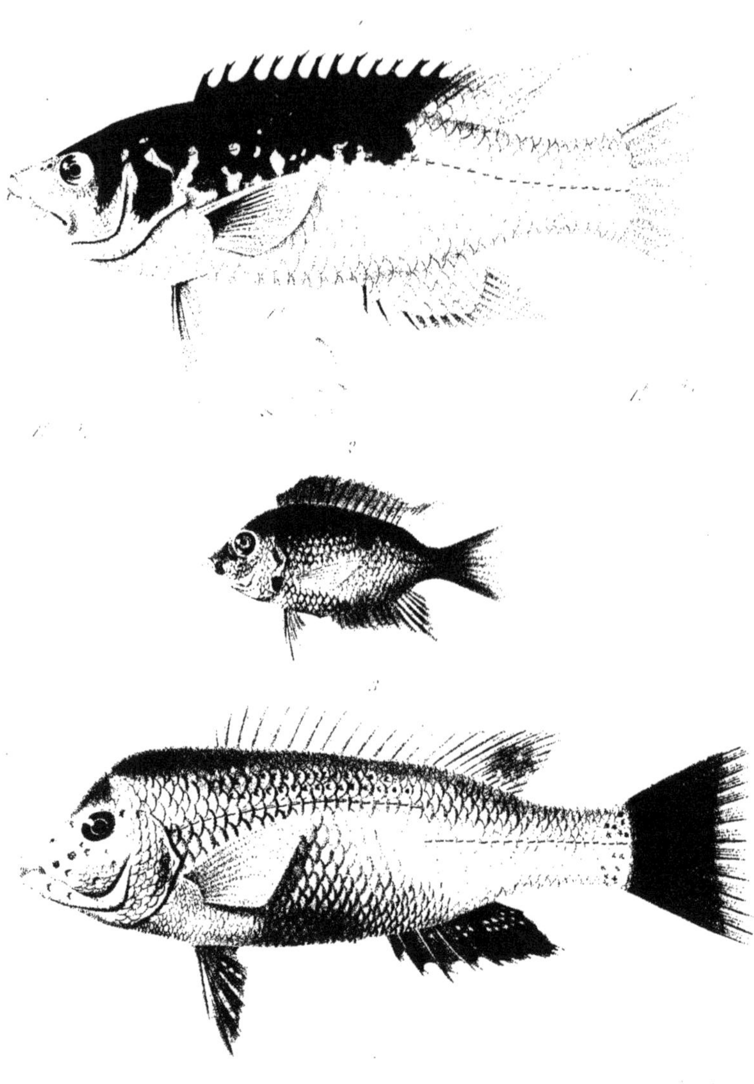

Cossyphus   Acara

1

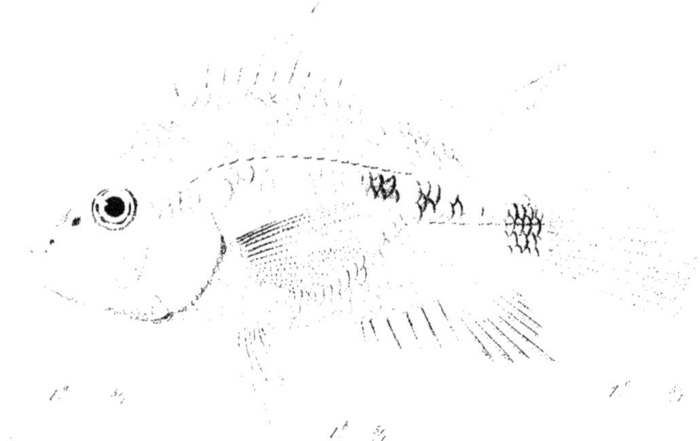

2

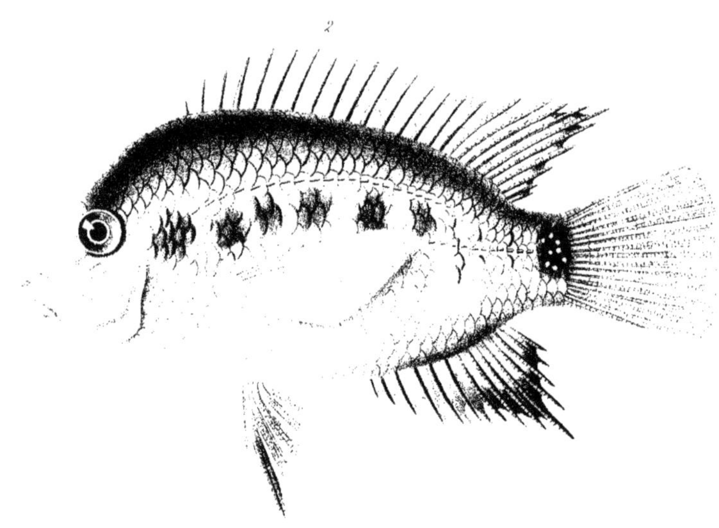

Acara.

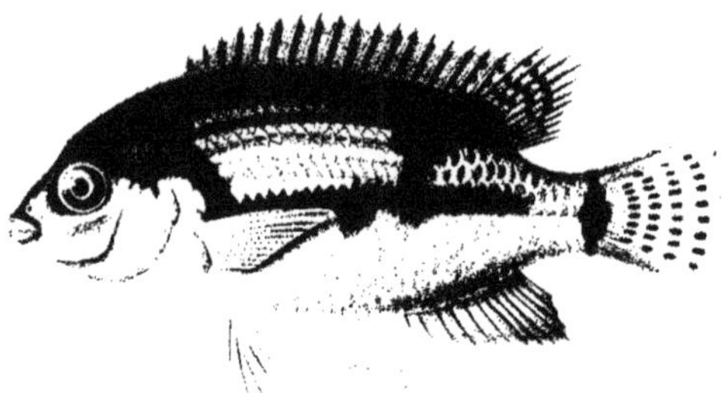

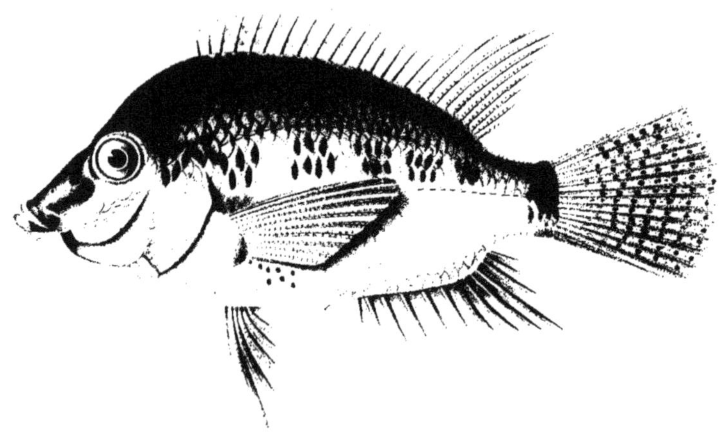

Hudesault ad nat del et lith.

Acara.

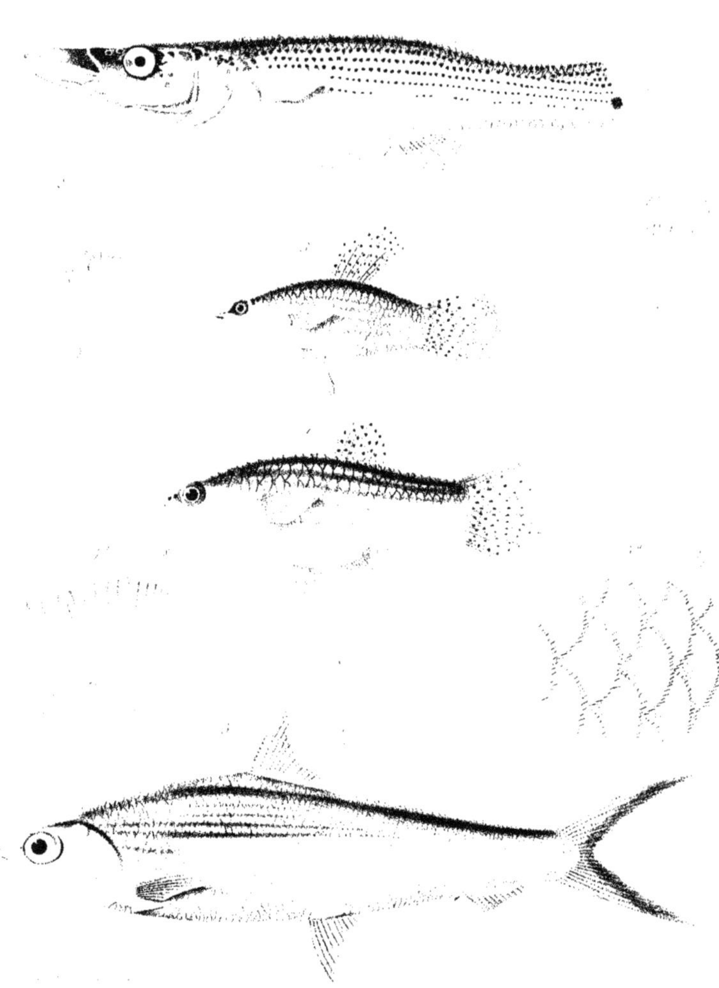
Belonesox   Poecilia   Chanos

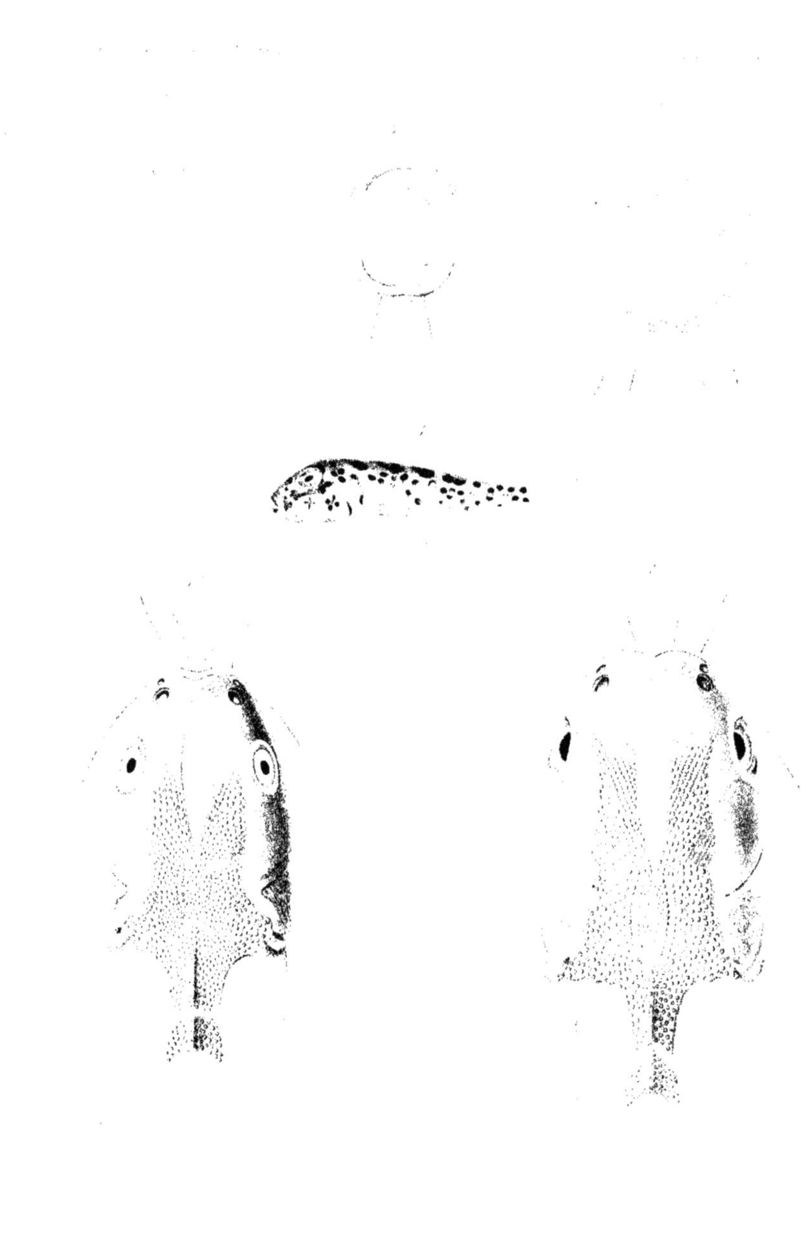

Sauvet pinx.

Mesnel chromo. lith.

Tanycephalus

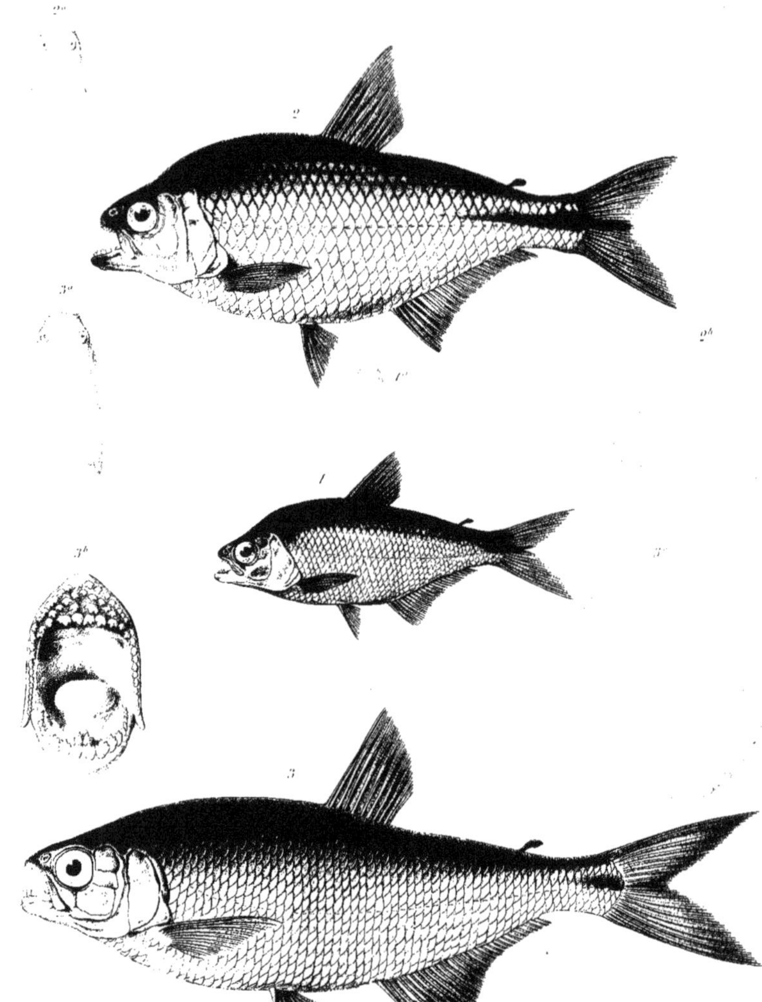
Poisson scientifique de Marque

QUATRIÈME PARTIE.

4ᵉ LIVRAISON.

Texte : Feuilles 26 à 34. — Planches IX *bis*, X *ter*, XI *quinter*.

www.ingramcontent.com/pod-product-compliance
Ingram Content Group UK Ltd.
Pitfield, Milton Keynes, MK11 3LW, UK
UKHW020301180726
13839UKWH00001B/351